新型职业农民培育系列教材

现代蔬菜瓜类作物生产技术

◎ 巩风田　侯　伟　张中华　主编

U0349174

中国农业科学技术出版社

图书在版编目（CIP）数据

现代蔬菜瓜类作物生产技术／巩风田，侯伟，张中华主编.—北京：中国农业科学技术出版社，2017.2

ISBN 978-7-5116-2969-2

Ⅰ.①现… Ⅱ.①巩…②侯…③张… Ⅲ.①蔬菜园艺②瓜果园艺 Ⅳ.①S63②S65

中国版本图书馆 CIP 数据核字（2017）第 018191 号

责任编辑	白姗姗
责任校对	马广洋

出 版 者	中国农业科学技术出版社
	北京市中关村南大街 12 号　邮编：100081
电　　话	（010）82106638(编辑室)　（010）82109704(发行部)
	（010）82109709(读者服务部)
传　　真	（010）82106650
网　　址	http://www.castp.cn
经 销 者	各地新华书店
印 刷 者	北京富泰印刷有限责任公司
开　　本	850mm×1 168mm　1/32
印　　张	8.25
字　　数	214 千字
版　　次	2017 年 2 月第 1 版　2017 年 2 月第 1 次印刷
定　　价	29.80 元

《现代蔬菜瓜类作物生产技术》
编 委 会

前　言

　　我国是世界上最大的蔬菜生产国，同时也是最大的蔬菜消费国。每天向市场均衡地供应数量充足、品种丰富、优质安全、价格稳定的蔬菜，对城市居民生活与社会稳定发挥重要作用。

　　本书共 13 章，内容包括黄瓜、茄子、辣椒、番茄、大蒜、大葱、山药、芦笋、西瓜、甜瓜、马铃薯、芸豆、食用菌等蔬菜的生产技术。

　　本书围绕大力培育新型职业农民，以满足职业农民朋友生产中的技术需求。书中语言通俗易懂，技术深入浅出，实用性强，适合广大新型职业农民、基层农技人员学习参考。

编　者

2017 年 1 月

目　录

第一章　黄　瓜

第一节　黄瓜生育特点

黄瓜又名刺瓜、胡瓜，最初生长于湿热的印度地区。它的生长期短，而且具有很好的环境适应性，耐低温，容易栽培，产量很高，亩*产可以达到 5 000 千克以上。黄瓜一直是大家喜爱的蔬菜，无论是生吃，还是炒制，或腌渍，都美味可口。所以，大力推广黄瓜的新品种，推广黄瓜的全年种植，对于弥补我国北方食用蔬菜的缺口具有十分重要的意义。

一、黄瓜植物学特性

黄瓜是一年生蔓性植物，它的叶片呈黄绿色或浓绿色，脉络清晰，像人的掌纹，呈五角星状，黄瓜的根系下扎不深，分布在 16~20 厘米的表土层，主根旁边着生有很多须根，黄瓜的花为雌雄同株生长型，但是不生长在一朵花里，雌花着生在主蔓上，可以结果。果实呈筒状，有淡绿色或深绿色的外皮，并且皮外着生一些突起的小刺。种子千粒重 23~42 克。

黄瓜生长的最适温度为夜间 12~16℃，白天 20~25℃。虽然具有一定的环境适应性，但是如果超过它的抗度，就会发生生理性生长障碍，导致生长的暂时或永久停止。由于黄瓜的主根着生深度较低，所以吸肥、保水能力差，再加上有众多的枝叶在不停地向空气中散发水分，所以其抗旱性很差。黄瓜对氮肥和钾肥的要求比较高，缺失时会导致果实变苦或者落花增多，但是也不要过度施肥，黄瓜的根耐腐性很弱，过度施肥也会灼

---

* 1 亩≈667 平方米，1 公顷＝15 亩。全书同

伤其根系，导致其生长障碍。

黄瓜一般来说属于短日照作物，但是对于不同成熟期的黄瓜，又有一些不同。早熟的黄瓜品种更适合较短的日照时间，但是中、晚成熟的黄瓜品种则对日照的适应性比较强，对日照没有什么特殊的要求。当然，较短的日照时间对于黄瓜的生长也是具有一定好处的。

二、黄瓜生长对环境条件要求

（一）对温度的要求

1. 最适温度

黄瓜的生长对温度有着严格的要求，当白天的温度在 20～30℃，夜间在 15～18℃时，会有利于黄瓜的生长和发育，但是所谓的最适温度，只是黄瓜生长发育所需的一般温度，具体种植时还要随着黄瓜生长发育环境的不同而发生相应的变化。在光照较弱的年份和地区，可以采用低温管理的方式，而在二氧化碳浓度较高的地区，则可以采用高温管理法。

2. 昼温和夜温

黄瓜是一种喜温的作物，具有适宜的温度才可以很好地促进黄瓜的生长发育，但是，黄瓜在白天和晚上对温度的要求是不一样的，并不是温度一直很高，或者很低才有利于黄瓜的生长，在白天和晚上气温之间的差异即昼夜温差也是促进黄瓜快速生长的必要条件。

白天气温高，可以促进黄瓜的光合作用，夜晚没有太阳辐射，黄瓜不再产生供自身生长所需的物质和能量，这时候就要减少黄瓜枝、叶的呼吸和对营养的消耗。由于植物的生长也是一个可变的、不确定的过程，所以在对黄瓜进行田间管理的时候，一定不要死守规律，而是要随着影响因素的变化而变化。当与黄瓜生长密切相关的肥料、湿润度、温度、二氧化碳浓度等因素发生了改变的时候，就要及时地改变黄瓜的生长温度，一般阴天的温度要低一些，而晴天的温度则相应地要高一些。这对于提高黄瓜的产量，是十分有利的。

3. 有效积温

有效积温是在一段时间内，有效温度累积的总和，在植物学上来看，它是影响作物生长发育的一个十分重要的因素。黄瓜也是如此，黄瓜的每个生长时期和阶段，都对积温有一定的要求。而对于某个特定的品种来说，这种要求是相对稳定的，一般不会随着时间和年份的变化而变化，但是，这并不代表黄瓜在每个年份的生长期长度是一定的，因为年度间气温的不平衡，就会导致获得有效积温的时间长短的不同，所以同一黄瓜品种在每年的同一生长期长度也会相应地发生改变。

（二）对光照的要求

一般来说，黄瓜属于短日照的植物，对日照时间的长短有一定的要求，但是，随着近年来黄瓜新品种的研发，也出现了不受或较少受到日照影响的黄瓜类型，比如我国华北地区的品种，对日照的要求就不严，但是 8~10 小时的日照时间仍然是黄瓜生长的最佳时间。

黄瓜的最适光照强度为 4 万~6 万勒克斯，光饱和点为 55 万勒克斯，如果光照强度太弱，降低到 2 万勒克斯以下，就会延缓植物的生长进度，造成黄瓜长得慢，生长期延长，产量下降。如果在黄瓜的生长期内连续多天阴雨连绵，不见日光，就会造成黄瓜减产。

相对来说，黄瓜对光照的要求要低一些，只要有弱光就可以生长，这也就使得冬季种植黄瓜成为可能。在冬天种植黄瓜，只要满足其生长对温度的合理要求，然后配合覆盖无滴膜和张挂反光幕的方式，也可以提高光照强度，满足黄瓜生长对弱光的要求。冬季的黄瓜生长，如果措施得当，也可以得到意想不到的收获。

由于黄瓜的光合作用在一天中是不均匀的，一般早上到中午的时候是叶片进行光合作用为植株的生长提供营养和能量最旺盛的时间，产生的营养物质可以占全天产生物质的70%左右，所以，要想黄瓜生长旺盛，就要充分保证这一段时间内黄瓜的合理光照，具体到冬季的黄瓜生长，在早上的时候，就要提早揭开苫布，让阳光普照，促进黄瓜光合作用。

（三）对水分的要求

黄瓜的根系分布很浅，所以就难以从较深的地下来吸收水分，供给植株生长的需要，所以黄瓜的生长对水分的要求较严格，最适合的土壤含水量为85%～95%，空气湿润度为夜晚90%，白天80%。

黄瓜的生长需水很多，所以在黄瓜的生产上就要多浇水，但是并不是一味地多浇水就可以促进黄瓜的生长，而是要结合黄瓜的生长发育进程来合理配置水资源，适应黄瓜的需水规律。在黄瓜需水时要及时浇水，但是要注意不要一次性浇太多的水，大水漫灌的方式十分容易造成土壤板结和积水，妨碍黄瓜根系的通风透气，影响植株的生长，反而是有害的。特别是早春和秋冬季节，就更不可以进行大水长时间的漫灌，而是要采用膜下暗灌的方式进行节水操作，这样不仅省水，又可以很好地避免发生寒根、沤根和猝倒病，所以也是近年来使用较多、应用较广泛的一种方式。

黄瓜生长的不同时期和阶段，对水分的要求也是不一样的，进行黄瓜的水分调控，也是一项十分专业的技术。幼苗期如果灌溉太急，十分容易造成苗期空长和徒长，导致花期晚，结花数量少，但是又不能过分控制水分，否则容易形成老化苗。黄瓜的初花期可以合理地控制水分，促进黄瓜根系的生长和发育，为后期生长打下坚实的基础，但是结果期由于营养生长和果实生长对水分的要求十分大，就要保证充足的水分供应，这样才能促进果实的快速发育，获得高产。

（四）对土壤的要求

黄瓜的根系浅，为了保证足够的肥料供应，就要尽可能地选择有机质含量高，透气性好的土壤进行种植。黏性土壤种植，会导致黄瓜的生育期变长，因而产量也增加。沙质或沙土中培育，虽然生长较快，但是衰老也较快，不利于总体产量的提高。黄瓜生长的最适 pH 值为 6.5，值数过高容易烧坏根系，导致黄瓜枯萎而死，值数过低又会发生多种黄瓜的生长障碍和病害。黄瓜不适合连作，原则上种植一年以后土壤要至少调整三年才可以接着种植。

第二节　黄瓜优良品种

黄瓜生产要想做到高效无公害，选育优良的黄瓜品种是关键，只有通过提高黄瓜品种自身的素质，提高自身的抗病虫害能力，减少生产用药，才可以生产出最适合食用的优质黄瓜种类。

一、优良品种选择原则

现在的种子市场上总是会有各种各样的黄瓜品种和类型，但是要真正地辨别其品种的优劣和实用性却不是一件简单的事情。再加上有的厂家科研精神不强，品种的纯度未经过实践的检验就开始进行生产和销售，这也导致新品种的适用期不长，品种性质不稳定，没有种植几年就必须另行换种。总体来说，选择适合自己区域种植的优良黄瓜品种，要综合多方面的考虑。

第一，选择和栽培地适合的栽培品种。黄瓜的品种多种多样，每一种黄瓜类型可能都有自己独特的栽培条件，但是却不一定适应特定地区的实际环境，所以各个地区栽培黄瓜的时候都要先进行选种，选择和自己的土地、气候等自然条件相适应的黄瓜品种。

第二，选择适合当地或销往地区消费习惯的黄瓜品种。不同的黄瓜品种，其瓜条性状就不相同。主要表现在瓜条的长度、瓜肉和瓜皮的颜色、有无刺瘤或刺瘤的长短、刺的颜色、瘤的大小程度等。只有选择的黄瓜性状满足了当地消费者的需求，瓜的销量才会好。

第三，要求黄瓜新品种可以同时防抗多种病害，保护地黄瓜品种要可以很好地抗枯萎病为代表的各类土传病害，露地黄瓜品种要求要抗当地存在的病害1~2年。同时，各种类型的黄瓜品种都要具有较好的品质和良好的商品属性。

第四，黄瓜新品种引进的时候要至少经过两年以上的对比试验才可以在特定的地区推广使用。即使已经种植，第一年也要与当地的主栽品种进行小面积的对比实验，检验结果优良的品种翌年才可以选用，并继续扩大种植和栽培的面积。通过几年的实验之后，经过优良性认定的品种，才可以大面积地推广种植。这样做的主要目的是减少直接种植的经济损失，确保某个特定的黄瓜品种符合当地的具体情况。

二、黄瓜良种类型

黄瓜的品种和类型多样，一般可以分为普通黄瓜类型和原产欧洲的小黄瓜类型。这两种类型的黄瓜又包括了各种黄瓜品种。

(一) 普通黄瓜类型

1. 津优32号

津优32号是由天津科润黄瓜研究所培育而成的一种适合日光温室越冬茬栽培的杂交黄瓜品种。这种黄瓜的茎秆粗壮，侧枝很少，长势中等，主要依靠主蔓结瓜，回头瓜数量很多，瓜码很密。瓜条顺直、呈棒状，深绿色，具有光泽，瓜把很短，瓜的刺瘤十分明显，瓜肉是淡绿色的，味道很甜，生吃很脆，商品性好，含维生素量高，品质优良，卖点很高。栽培时期可以长达8个月，一般都不早衰。亩产黄瓜5 000千克以上，增产率高。

这种黄瓜品种对常见的黑星病、白粉病、霜霉病、枯萎病等都具有很好的抵抗能力，抗病虫害的性能较好。而且可以耐弱光、低温等不良的气候和环境因素，在不良的种植气候下仍然可以很好地生长，结瓜。这种品种耐最低气温是 6℃，最高气温是 36℃，最低光照强度是 6 000 勒克斯。这种黄瓜一般在 9 月下旬播种育苗，11 月下旬开始采摘，十分适合东北、华北、西北地区冬春茬日光温室早熟栽培和日光温室越冬茬栽培。

2. 津优 35 号

津优 35 号是由科润黄瓜研究所培育而成的新一代早熟杂交新品种，经过多年的栽培实验，最终在 2006 年通过了天津市农产品专家验收。该品种的长势十分旺盛，叶片大小中等。以主蔓结瓜，第一个雌花就着生在主蔓的 4 节位置处，瓜码较密，回头瓜的数量多。瓜条的生长速度十分地快，生长后期侧枝可以自己封顶。所结的瓜的色泽好、瓜条顺直，瓜色深绿，瓜把较短，单个瓜重 200 克，长 33~40 厘米，无棱，刺密，瓜瘤小，瓜质脆甜、瓜色淡绿，不出现化瓜和弯瓜现象，畸形瓜较少。生长期很长，抗枯萎病、白粉病和霜霉病，较耐低温和弱光。一般亩产可以达到 1 万千克以上，适合冬春茬和大棚早春栽培以及日光温室越冬茬栽培。

3. 津优 36 号

津优 36 号是由天津市黄瓜研究所培育而成的一种早熟类型的黄瓜品种。该品种的长势旺盛，瓜叶深绿色，叶片较大，瓜码很多，一般都是主蔓结瓜，回头瓜的数量很多。瓜的光泽度很好，瓜色深绿，瓜把短，瓜条顺直，单个瓜重 200 多克，长 32 厘米左右。此瓜的瓜棱较浅，刺瘤明显，瓜色浅绿，畸形瓜的概率很低，吃起来口感脆甜。此瓜同时具有很强的适应性，较耐弱光和低温危害。在 7℃ 和每天 2 小时的弱光照射环境下，仍然可以正常地生长。对白粉病、枯萎病、细菌性角斑病的抵抗力都很高。亩产黄瓜 1 万~2.3 万千克。适合日光温室栽培。

4. 津育 3 号

津育 3 号是由锦 3105 和 A-8 杂交育种而成的一种新的黄瓜类型。该瓜的长势很强，主蔓结瓜，植株紧凑，雌花率在 50%

左右，回头瓜的数量较多。瓜条呈棒状、顺直，腰瓜 30 厘米左右。瓜色具有光泽性，色较深，刺瘤多而密。单个瓜重约 200 克，瓜肉味道甜美，鲜嫩，呈淡绿色，品质较优。此种黄瓜早熟，产量高，可以亩产约 1 万千克。

在品种适应性方面，这种黄瓜的整体性状也不错。即使是在弱光和 5℃ 的低温情况下，仍然可以生长一定的时间。强抗白粉病、枯萎病、霜霉病，越冬栽培的生长期在 8 个月左右，适合西北、东北、华北等地区日光温室越冬茬和春季大棚栽培。

5. 津春 3 号

津春 3 号是天津市黄瓜研究所选育而成的日光温室的专用杂交品种。植株的生长旺盛，叶子肥大，茎秆粗壮，分支能力强，以主蔓结瓜为主，雌花着生在 3~4 瓜节的位置上，结瓜位置集中，瓜码十分密集。瓜条棒形，长约 30 厘米，重 200~300 克，瓜色深绿，瓜条顺直，短把，瓜头没有黄色的条纹，味道甚佳。亩产约 5 000 千克，商品性极高。强抗白粉病、霜霉病，适合华北地区栽培种植。

6. 中农 26 号

中农 26 号是由中国农业科学院蔬菜花卉研究所培育而成的一种中熟日光温室栽培品种，这种黄瓜的生长旺盛，结瓜性好，主蔓结瓜所占的比例较大，连作的能力很强，回头瓜的数量多。黄瓜瓜色深绿，具有光泽，没有黄色的条纹，瓜把较短，刺瘤白而较密，没有瓜棱，口感很好。此种黄瓜亩产 1 万千克以上，商品率高。适合在秋冬茬、早春茬和越冬茬的日光温室栽培种植。

7. 鄂皇 3 号

鄂皇 3 号黄瓜是湖北黄石市蔬菜科学研究院培育而成的一种新的杂交品种。此瓜的植株生长旺盛，分支弱，节间短，瓜条呈顺直的圆柱形，以主蔓结瓜为主。瓜把又粗又短，心腔小，瓜棱较浅，刺瘤稀疏，瓜肉厚，口味良好，质脆香浓。单个瓜重 260~300 克, 耐弱光和寒冷, 栽培时间短, 极早熟。亩产为 4 500~5 600 千克, 适合长江流域地区春季和秋季大棚栽培种植。

8. 川绿 1 号

川绿 1 号是由四川省农业科学院园艺研究所培育而成的一种华南型黄瓜品种。该品种的植株生长旺盛, 茎秆粗壮, 节间短, 叶片较大, 以主蔓结瓜为主, 雌花率 75% 以上, 每株黄瓜可以坐瓜 2~4 条, 连续结瓜的能力很强。瓜条顺直, 绿色, 具有光泽, 瓜把较短, 刺瘤稀少, 早熟, 品质好。抗白粉病、枯萎病和霜霉病。栽培期短, 亩产黄瓜约 3 800 千克, 十分适合在四川地区小拱棚或大棚栽培。

9. 瑞光 2 号

瑞光 2 号是由北京市农林科学院蔬菜研究中心栽培育成的少刺型全雌黄瓜品种。植株整体生长旺盛, 侧枝较多, 单株结瓜能力强, 持续结瓜的性能好。瓜色深绿, 具有光泽, 分布均匀, 整齐度高, 瓜长约 24 厘米, 没有瓜把, 刺瘤的数量也很少, 味道清香宜口。此种黄瓜品种耐弱光和高热, 对真菌和各种细菌的抵抗性都很强, 并且一般不易出现畸形瓜。亩产黄瓜约 1 万千克, 适合在华南和华东地区栽培。

10. 吉杂 8 号

吉杂 8 号是由吉林省蔬菜研究所培育而成的一种旱地黄瓜类型。这种黄瓜的植株生长势强, 分支较弱, 叶片宽厚肥大, 一般以主蔓结瓜为主, 单株结瓜数 5 条左右。瓜条棒形、白绿色, 黑刺稀疏, 表面较为光滑。瓜皮较薄, 瓜肉较厚, 口味清香爽口。高抗枯萎病、炭疽病、细菌性角斑病和霜霉病, 商品性好, 亩产 3 000 千克以上, 适合在内蒙古自治区和东北地区保护地栽培。

11. 龙园绣春

龙园绣春是由黑龙江省农业科学分院培育而成的一种旱作

的黄瓜杂交品种。植株生长旺盛,主蔓和侧蔓都可以结瓜,瓜色白绿,具有光泽,瓜条顺直,长 22 厘米左右,瓜刺较稀疏。黄瓜的瓜质脆嫩,味道清香可口,商品性高。此品种高抗霜霉病和枯萎病,适合在春季露地栽培或保护地栽培。

(二) 迷你黄瓜品种

迷你黄瓜又称为小黄瓜、无刺黄瓜、水果黄瓜等,是一种果型较短的黄瓜品种。这种黄瓜的主要品种是京乐品系。

1. 京乐 1 号

京乐 1 号是由北京农乐蔬菜研究中心培育的一种高产、抗病、优质的杂交水果黄瓜品种。植株全雌性,生长旺盛,主蔓和侧蔓都可以结瓜,每个果节可以结多个黄瓜。瓜质鲜美。相对普通黄瓜来说,此种黄瓜的果实较为短小,瓜长 10~13 厘米。单个瓜重 60~80 克,亩产 5 000~10 000 千克,商品性良好。

这种黄瓜品种的抗病性也十分的强,高抗白粉病、枯萎病、黑星病、角斑病,对弱光和低温也具有一定的适应性。全生育期 40 天左右,是一种较为早熟的水果黄瓜品种。适合露地栽培或早春保护地栽培。

2. 京乐 5 号

京乐 5 号是北京市农乐蔬菜研究中心培育而成的一种高产、优质、高抗的杂交黄瓜新品种。该品种的植株生长势旺,叶片肥大,分枝多,主蔓结瓜为主,结瓜率高。果实呈亮绿色,有棱,兼具光泽,果实长 16~22 厘米,表面光滑。单个瓜重 80~100 克,腔小,肉厚,味道甜美,适合生食。亩产黄瓜 1 万千克以上。该品种对细菌性角斑病、枯萎病、白粉病、霜霉病的抵抗力较高,而且较耐低温和弱光。适合早春和秋冬茬保护地、露地栽培。

3. 京乐 168

京乐 168 是由北京农乐蔬菜研究中心经过长期的国际研究和合作,培育出的一种具有高产、优质、高抗病害特征的杂交黄瓜品种。这种黄瓜的长势旺盛，全雌性，叶片粗大，瓜秧的主蔓和侧蔓都可以结瓜，而且一节多瓜。黄瓜的质地脆嫩，味道清甜，瓜长 13~15 厘米，重 60~70 克，单株产量 3~5 千克。这种黄瓜类型较耐白粉病、枯萎病和霜霉病，适合在秋冬茬日光温室栽培。

4. 康德

康德黄瓜是从荷兰瑞克斯旺公司引进的一种新型的杂交黄瓜品种。该黄瓜是孤雌生殖，植株的生长旺盛，瓜条较长，12~18 厘米，每节瓜秧可以结黄瓜 1~2 个，产量高，味道鲜美，适合生食。品种抗白粉病、霜霉病和结痂病。适合早春、越冬日光温室种植。

5. 春光 2 号

春光 2 号是由中国农业大学采用多种荷兰温室黄瓜品种和我国华北黄瓜培育而成的水果型黄瓜类型。该品种是强雌型的黄瓜类型，植株生长旺盛，结瓜位置以主蔓为主。瓜粗 4~5 厘米，瓜长 20~22 厘米，瓜型棒状，皮色鲜绿，具有光泽。皮薄，肉厚，表面光滑。吃起来脆嫩爽口。此种黄瓜高产性强，亩产5 000 千克以上，并且可以对抗黑星病、角斑病、枯萎病等多种保护地病害，适合冬春和秋冬茬保护地栽培，但不适合露地栽培。

6. 新世纪

新世纪黄瓜品种是由青岛市农业科学研究院蔬菜研究所利用从以色列引进的黄瓜品种培育而成的优质水果黄瓜。这种黄瓜也是强雌型，植株生长旺盛，主蔓和侧蔓都可以结瓜，结瓜数量多。瓜条顺直，生长速度快，瓜皮表面光滑，呈绿色，有少量的青刺，瓜肉味道好。瓜长约 19 厘米，单瓜重约 100 克，亩产 1 万千克以上，商品性好。高抗细菌性角斑病、白粉病、霜霉病、枯萎病，十分适合在春季和秋季的保护地栽培。

除了上面介绍的优质黄瓜品种之外，北京 102、北京 203、北京402、京研迷你黄瓜1号、京研迷你黄瓜2号、京研秋瓜1号、荷兰青瓜、PART-9031、瑞光1号、M160等品种都具有良好的生产性能，适合菜农选择和种植。

第三节　黄瓜栽培技术

一、黄瓜种子处理

黄瓜在种植之前一般都要进行种子处理，经过处理后的种子，所含的致病性细菌更少，发芽率更高，生长速度更快，可以更好地适应种子快速生长的需要。种子处理一般包括晒种、浸种、种子消毒、催芽等过程。

1. 选种和晒种

（1）选种。选种就是对将要种植的种子进行挑选。通过选种可以保证种子的品种特性突出，饱满度、千粒重和发芽率高，无病虫害和杂质，生长旺盛，生命力强。选种的原则是淘汰杂质、带病种、干瘪的种子、破碎的种子和长势不旺的种子。

（2）晒种。晒种的时候要挑选一个阳光较好，没有风的时间，然后将挑选好的种子均匀地平铺在席子上，每过两个小时就翻动一次，使种子都可以均匀地受到阳光的照射。晾晒后可以提高种子的发芽率和发芽势，加速种子出苗，而且高温还可以杀死种子中寄存的细菌和虫卵，防止种子带病。

2. 种子消毒

种子内部或表皮组织都可能会带有致病的病毒、病菌，如果不进行处理就播种，将会影响种子的出芽率和长势。所以首先要给种子消毒。种子消毒是一种十分常用的减轻种子病虫害的措施。

（1）沸水烫种。沸水烫种是一种杀毒彻底，效果显著的种子灭菌方法，适合于南瓜、西瓜、黄瓜、苦瓜等各种具有较厚种皮的种子消毒。先将干燥的种子包在纱布中，然后用细绳系住放在装有80~90℃热水的容器中，然后把热水在两个装水的容器中快速地来回倾倒，促进热气的发散。

（2）温水浸种。温水浸种之前要先把种子泡到开始膨胀，然后再放入 55~60℃ 的热水中，然后要不断地搅拌种子，浸种时间 5~15 分钟，等到水温下降到 20~30℃ 的时候不再搅拌。

（3）药物消毒。药物消毒的方法分为两种，一种是药剂拌种，一种是药剂浸种。这两种方法都要求掌握溶液的配置浓度和合理的消毒时间，保证可以很好地杀死种子表皮上的致病细菌。另外，在把种子放入药剂中之前，一般都需要浸泡种子 4~6 小时，药剂浸泡之后也要迅速捞出，用清水冲洗，防止种子病害的发生。

①盐类药剂消毒：在用磷酸三钠等盐类药剂消毒的时候，一般先要把种子放在清水中浸泡一定的时间，然后再捞出，浸泡在浓度为 10% 的磷酸三钠溶液中 20~30 分钟，最后捞出冲洗。此法可以有效地防治瓜类蔬菜的病毒性疾病。浸泡溶剂也可以换成浓度为 2% 的氢氧化钠溶液，浸泡时间为 10~30 分钟，然后捞出洗净，晾晒一天。这种方法可以杀灭种子中的真菌和病毒，分解种皮的油质和黏液，很好地预防炭疽病、角斑病、早疫病和晚疫病。种子细菌性病害的防治一般换用 10~30 倍氯化钠溶液。

②甲醛消毒：用甲醛溶液消毒的时候，使用的一般都是 40% 的甲醛 100~300 倍溶液，浸种的时间一般为 15~30 分钟，浸泡完之后要把种子用湿布包裹，然后放在密闭的容器中闷 2~3 个小时。

③高锰酸钾消毒：用高锰酸钾溶液对种子消毒之前要先把种子放在 50℃ 的热水中浸泡 25 分钟，然后再浸入浓度为 1% 的高锰酸钾溶液中泡 15 分钟，最后用清水把种子冲洗干净。这种方法可以用来杀死种子表皮的病毒和病菌，防止早疫病的发生。

④代森铵水剂消毒：清水浸种后，把种子放在 50% 的代森铵水剂 500~800 倍溶液中浸泡 20~30 分钟，然后捞出后用清水冲洗。这种方法可以高效防治蔬菜炭疽病和霜霉病的发生。

⑤多菌灵可湿性粉剂消毒：清水浸种后，把种子放在 50%的多菌灵可湿性粉剂 500 倍溶液中浸泡 1~2 小时后捞出，然后用清水冲洗。此法可以用于蔬菜白粉病和炭疽病的防治。

⑥甲基硫菌灵可湿性粉剂消毒：把种子用清水浸泡后，放在 50%的甲基硫菌灵可湿性粉剂 500~1 000 倍液中浸泡 1 小时，然后取出再用清水浸泡 2~3 个小时，捞出晾 18 小时后播种。此法可以用来预防蔬菜霜霉病和立枯病。

⑦硫酸链霉素可溶性粉剂消毒：将种子用清水浸泡后，再放在 72%硫酸链霉素可溶性粉剂 300~500 倍液中浸泡 2~3 个小时，然后捞出洗净，此法可以用来防治炭疽病、早疫病、晚疫病和各种细菌性病害。

⑧白酒消毒：把种子用清水浸泡后，按照种子、白酒、水 1∶0.5∶0.5 的重量比例进行混合，浸泡种子 10 分钟，然后捞出用清水冲洗干净。此法可以在促进种子早出芽、提高出苗率的同时起到很好的杀菌作用。

⑨漂白粉消毒：按照种子用量的 2%的漂白粉和泥浆混合在一起（按照每千克种子有效成分为 10%~20%计算），泥浆的用量以可以将种子拌匀为度。然后把漂白粉的泥浆和种子混合均匀，放在容器内封存 16 小时，此法可以用来杀灭种子上残存的黑腐病菌，治疗黄瓜枯萎病。

⑩三氯甲烷消毒：把三氯甲烷和白酒按照 1∶4 的比例混合，然后把种子放在混合后的溶液中浸泡，所用的溶液量以可以没过种子为佳。浸泡 10 分钟后，把种子捞出再用洗衣粉浸泡 5 分钟，然后用清水冲洗干净。种子晾 6 小时后才可以播种。由于三氯甲烷有毒，所以混合制液的白酒不可以再饮用。此法可以很好地溶解种子的黏液和果胶，杀灭病菌，促进种子发芽。

⑪硫酸铜溶液消毒：先用清水将种子浸泡 4~5 个小时，然后再放入硫酸铜溶液中浸泡 5 分钟，然后用清水冲洗干净。

与药剂浸泡相比，药剂拌种要更加安全可靠。拌种的药剂用量为种子重量的 0.1%~0.5%，搅拌的时候一定要使药剂和种子混合均匀，保证每粒种子都可以沾上药剂。药剂拌种防治黄瓜猝倒病可以采用0.2%的氧化铜粉剂拌种，药剂用量为种子重量的0.3%；防治黄瓜立枯病可以用50%氯萘醌可湿性粉剂或70%敌磺钠可湿性粉剂拌种，用量分别是种子重量的0.2%和0.3%。

3. 催芽

（1）催芽方法。把经过浸泡已经充分吸水的种子用麻袋或毛巾等包好，放置在25~28℃的温度条件下进行催芽，催芽时期要每天用清水淘洗种子1~2次，稍微晾置后继续催芽。并且要注意经常性地检查和翻动种子，使种子保持松散的通气条件，满足种子发芽所需要的氧气供应。当有75%的种子破嘴的时候，就可以停止催芽了。

某些黄瓜种子的休眠性很强，或者种皮很厚，采用以上方法很难达到催芽的效果。对于这种类型的种子，就可以在溶液中加入赤霉素打破种子休眠期，或者用机械的方法磕开种子。在开始催芽之后，如果遇到突发原因需要延迟播种，就可以将催芽温度降低到5~10℃，延后种子的发芽日期。

（2）促芽健壮。为了提高瓜类蔬菜幼苗的抗寒能力，加快幼苗的生长进程，可以对萌动状态的种子进行变温、低温处理。

（3）低温处理。把处于萌动状态的种子放在0℃的低温条件下1~2天，然后再放置在合适的温度中催芽，这就是经常说的"高温催芽，低温炼芽"。

（4）变温处理。变温处理就是将种子放在低温和中高温度环境条件下交替处理的方法。具体步骤是：先将种子放在1℃的低温条件下12~18小时，然后再移动到18~22℃的较高温度中放置6~12小时，重复变换温度条件，直到催芽期结束。这种方法可以提高种子对环境的适应性，促进种子后期的苗壮生长，但是在变温的过程中要注意保持种子包布的湿润状态，防止种子脱水。

二、黄瓜嫁接技术

嫁接技术曾经只用于果树栽培，现在早已扩大了其使用范围，在蔬菜优良品种栽培时广泛利用。黄瓜嫁接是用其他作物的根代替黄瓜的根的栽培方式，一般选用的都是较耐低温、抗病、亲和力强的南瓜等砧木品种，南瓜的根系十分发达，抗高温和低温，不易受土传疾病的感染，用南瓜根系进行嫁接后，可以提高黄瓜品种的耐低温和抗病能力，使黄瓜的植株健壮地生长，取得早熟高产的效果。

1. 嫁接的品种选择

黄瓜嫁接的主要品种就是黑籽南瓜，南瓜的亩用种量约为1.5 千克，南瓜种子在催芽前要在阳光下晾晒 1~2 天，然后用温水浸泡种子 6 小时，搓洗 3~4 次。浸种之后要先在 12~14℃的室温条件下晾 18 小时，使南瓜的种皮变干，然后再用 30℃的温水催芽，一般 2 天就开始出芽。

2. 嫁接方法

（1）靠接法。靠接法要先种植黄瓜，然后第 6 天再种植南瓜。南瓜要种在营养钵中，钵中放置七成量的营养土，播种 2~3 天后南瓜开始出苗。等南瓜长到 1 叶 1 心的时候开始嫁接。嫁接需要 1 个竹签或刮脸的刀片作为工具，竹签可以用竹片削制而成。在嫁接的时候，要先用竹签从子叶处将南瓜的生长点去掉，然后再破坏掉两片子叶基部的侧芽，并且用竹签在南瓜生长点 0.5 厘米的地方向下切划一个占南瓜茎粗一半的斜口。同时，也要在黄瓜的生长点下方 1.5 厘米的地方向上切一个占黄瓜 2/3 茎粗的斜口。注意使南瓜和黄瓜切口的斜面长度都为 1厘米。然后把两者的切口对插吻合。用专业的嫁接夹夹在斜口的位置，并向营养钵内增放一些床土，盖住黄瓜的根系并浇够水。10 天之后用刀片切断黄瓜的根系，拿掉夹子。

（2）断靠接法。断根靠接法和普通的靠接法工序基本相同，但是要等到南瓜出苗后才播种黄瓜，等南瓜长到 1 叶 1 心的时候开始嫁接。黄瓜要在生长点下 1 厘米的地方，插入南瓜的切口中吻合。然后用嫁接夹夹住或者用地膜条包裹。

（3）水平插接。水平插接法和断根靠接法一样，也是等到南瓜出苗之后才播种黄瓜，等南瓜长到 1 叶 1 心的时候去掉南瓜的生长点，然后在南瓜生长点下方 0.5 厘米的地方用比黄瓜的茎粗的竹签垂直地插穿南瓜的茎，倾斜地露出竹签。在黄瓜苗子叶展平的时候，从生长点下方 1~1.5 厘米的地方切开 30° 的斜面，然后把黄瓜切口朝下插入南瓜的茎插接孔中。在挑选黄瓜嫁接的时候，要注意选用粗壮的黄瓜苗，不用徒长的黄瓜秧。

（4）斜插接。斜插接的基本方法和水平插接基本相同，用竹签在南瓜子叶旁边，和茎成 45° 角的位置倾斜地插一个穿透的孔，然后把展平子叶的黄瓜苗从子叶下 1 厘米的地方切成 30° 的斜面，朝下插进南瓜的插孔中。

3. 嫁接后的管理

嫁接后的黄瓜苗最好摆放在温室中较矮的架床上，若摆在地面上，就要铺上稻草，浇透水，然后喷洒 800 倍百菌清液防止疾病的发生。

在苗上扣小拱棚，使前 3 天的湿度能达到饱和，即扣棚的第 2 天的时候棚膜上有水滴出现。一定要注意把薄膜密封严实。在拱棚上盖纸遮光，使前 3 天秧苗不见光，但要注意开棚检查，切口未对上的重新设置。发现枯萎的黄瓜苗要及时补接。采用各种保温和增温措施使前 3 天白天温度达到 25~30℃，夜间 15~20℃。嫁接后的第 4 天可以在早晚的时候都让秧苗见光 1 小时，第 5 天的时候时间可以增加到 2 小时，第 6 天的时候为 3 小时，第 7 天就可全见光了。这时要将南瓜子叶上没有去除干净的芽全部拔掉。黄瓜嫁接成活与否与嫁接后的管理具有十分密切的关系，特别是前 3 天的湿度要达到饱和，不见光。

4. 嫁接注意事项

（1）提早播种。嫁接黄瓜有个缓苗过程，南瓜根系耐低温可以尽早定植，所以要提前 10 天播种黄瓜，促进黄瓜早熟。

（2）乙烯利处理。嫁接缓苗要求的温度偏高，使黄瓜坐瓜的节位提高，结瓜的数量减少。所以仅需要通过乙烯利的处理来降低黄瓜的坐瓜节位，增加坐瓜数。方法是黄瓜长到 1~2 片真叶时，用 100 毫克/千克乙烯利喷洒在黄瓜的枝叶上，然后等一周后再喷洒 1 次。但是此法不适用于 1 代杂交黄瓜种。因为它本身的结瓜性很强，处理了反而会出现花打顶现象。

（3）霜霉病生态防治。黄瓜嫁接可以在很大程度上防治黄瓜的枯萎病，但是对霜霉病等其他病害起不到直接高效的防治。故要采取生态防治，采用 4 段变温管理，创造 1 个不适宜霜霉病发生的温度和湿度条件，然后再配合喷施药剂进行全方面综合防治。

（4）增施复合肥。嫁接可多年连茬，但往往导致土壤营养比例失调，土壤中营养物质缺乏。为了提高土壤的肥力，可增施一些复合肥料以及农家肥。可以采用 50 千克水中加 1 支叶面宝、0.5 千克尿素进行叶面追肥。

三、黄瓜灌溉施肥技术

（一）黄瓜灌溉技术

（1）黄瓜水分需求特点。由于黄瓜的根系很浅，叶片又很大，所以水分吸收少而蒸腾作用旺盛。黄瓜生长喜湿不耐湿，最适合的空气湿度为 70%~90%，土壤相对含水量为 85%~95%。黄瓜发芽期需水量为种子重量的 40%~50%，幼苗期相对需水较少，最适土壤含水量为 80% 左右。需水最多的是开花结果期，适宜的土壤相对含水量为 90%~100%，水分供应不均，易产生畸形瓜。

（2）黄瓜水分调控技术。黄瓜生长期要经常浇水，才可以满足黄瓜生长的需要。但是由于黄瓜不耐湿，所以浇水量一定要合理控制。初花期水分管理主要在于"控"，目的是防止茎叶徒长引起"化瓜"。应加强中耕蹲苗，促进根系生长，但控制要适当。结瓜期的水分管理是促苗快长。前期轻促，中期大促，后期微促。主要目的是促进秧苗的生长。根瓜生育期，植株生长量和结瓜数还不多，水分需要不太多，浇水以保持适度即可，但是腰瓜的生育期气温升高，此时黄瓜植株的生长和结瓜都很旺盛，需要的水分含量也就很多。必须增加浇水的次数和供水量，每1~2天浇1次；顶瓜生育期，植株进入衰老阶段，仍需加强水分的供应管理，可每3~7天浇1次水，防止黄瓜茎叶早衰，增加黄瓜的产量。

（二）黄瓜施肥技术

（1）黄瓜对肥料的需求特点。黄瓜喜肥但不耐肥，对营养的需求较多，黄瓜的根系弱，根系浅，木栓化较早，再生力差，对土壤养分的吸收能力不强，难以承受高浓度的土壤溶液环境。幼苗期的耐肥力最弱，对肥料的浓度十分敏感，必须采取轻施勤施的方法。黄瓜具有选择性吸收的特性，喜硝态氮，只供给铵态氮时，叶色变浓，叶片变小，生长缓慢。黄瓜在定植后的30天左右对氮素的需求量达到最大，主要是靠叶子吸收。到50天左右，叶、果吸收养分大致相近，定植70天大部分养分被果实吸收。

（2）黄瓜施肥技术。黄瓜的需肥量为每1 000千克黄瓜需磷肥1千克、钾肥4千克、氮肥2.5千克。黄瓜生长的各个时期都对肥料有需求。定植前，亩施农家肥4 000千克（或商品有机肥1 500千克）、三元复合肥50千克做基肥。黄瓜进入结瓜初期进行第1次追肥，以后可以每隔7~10天追肥1次。每亩的施肥量也由5千克逐渐增加到15千克。苗期追肥可采用叶面肥喷施，生长期还可采用液肥进行灌根处理。

四、露地黄瓜无公害栽培技术

1. 品种选择

秋季正是病虫害发生严重、高温多雨的季节，秋季种植黄瓜一定要挑选耐热、抗湿、高抗病虫害的黄瓜品种。如津研1

号、津研 2 号、津研 4 号、津研 7 号等。

2. 整地作畦

秋季病害多发，所以在种植地块的选择上一定要选用疏松肥沃，多年没有种植过瓜类作物的田地。前茬作物收获后，施充分腐熟的有机肥 7.5×10^4 千克/公顷，翻地不宜太深，以 20 厘米为宜，同时多搅拌，尽可能使肥土混合均匀。整地之后，还要设置排灌水渠，保证灌溉和秋季排水的通畅，然后按宽 1.3~1.5 米，高 15~20 厘米做高垄。

3. 合理密植

播种前要对种子进行处理，去除种子中的杂质，测定种子的千粒重和发芽率，保证直播黄瓜的出苗率。直播的时候一定要计算好播种的数量，平均播种量为 3 000~3 750 克/公顷。秋黄瓜多播干种子，也可经 55℃温水浸种后，再浸泡 3~4 小时播种。播种时按预定行距，先要挖开宽 4 厘米，深 3 厘米的播种沟，保证沟底平实。然后按照间隔 78 厘米的距离点播种子，每次播撒种子 2~3 粒，最后盖细碎湿土 2 厘米厚，加盖地膜，地膜上稍加盖物遮阴，2~3 天后种子顶土时人工破膜放苗。

4. 精细管理

（1）浇水与中耕。秋黄瓜播种时，如土壤湿润，当天可不浇水，当幼苗顶土时再浇水；如土壤墒情不好，当天就要浇适量的水，要求浇水时顺着沟渠的方向流动，水量以润湿播种沟为宜，防止过量浇水后土壤板结。当幼苗出齐时再浇水 1~2 次。幼苗出齐后至收根瓜前，尽量少浇水，利用这个时间段来壮苗养根，减少苗期病害的发生。等到浇过齐苗水后，就要及时中耕。中耕深度以 2~3 厘米为宜，以保墒松土。开始收获根瓜的时候，就要适当地增加浇水的次数和用水量，但是切记不可以采用大水漫灌的方式。可以间隔 3~5 天浇水 1 次，浇水要结合当时的天气情况，以保持土壤湿润为准。同时注意早浇、晚浇，切忌中午浇水。黄瓜结瓜后期浇水要减少，并且要在上午浇，适应低温的气候条件。

（2）排水。秋黄瓜前期多雨，为避免涝害及防止疫病发生，从播种开始，要密切注意雨天情况，及时采取排涝措施，保证瓜畦内没有长时间积水。

（3）间苗及定苗。直播的秋季黄瓜一般在子叶展开后第一次间苗，拔除病苗、弱苗和畸形苗。等到第二片真叶展开后，进行第 2 次间苗，保持株距 8 厘米。第 4 片真叶展开平后进行定苗，定苗的标准是每 20~22 厘米定一株壮苗，留苗 6.8×10^4 株/公顷。

（4）追肥。秋栽黄瓜生长期正值高温多雨的季节，必须保证幼苗生长的营养供应。在第二次间苗之后就要追施第一次肥。以后凡遇大雨或连阴雨后，都应追肥。结瓜盛期要做到隔水 1 肥。每公顷追施尿素 75~150 千克，然后在尿素中加入经过充分腐熟的人畜粪便混合液喷施。

（5）支架与整枝。秋黄瓜定苗后，要及时支架。一般是每苗 1 竿，扎成"人"字形花架，架高 2 米左右。秋黄瓜的整枝的目的也是保证主蔓的生长，凡是主蔓基部 50 厘米以下的侧枝都要清除，保证秧苗通风。其他侧枝可在雌花后留 1 叶去顶。秋黄瓜要及时绑蔓，约 50 厘米绑蔓 1 次。

（6）中耕除草。黄瓜在幼苗期要多次培土中耕，除去田间多余的杂草，保证土壤疏松，但是中耕的深度一般要控制在 2~3 厘米。结瓜期停止中耕后，如有杂草也需要及早拔除。

（7）收获。秋季黄瓜收获时正值高温多雨的季节，所以在成熟的时候就要及时地收获，保证黄瓜的高产稳收。

五、秋大棚黄瓜无公害栽培技术

1. 品种选择

应选用抗病性强、耐热、丰产性好、生长势强的品种，如津优 1 号、津春 4 号、津春 5 号、津研 4 号等。

2. 适宜播种期和定植

秋季之后种植大棚黄瓜要注意播种的时期，如果太早会受到高温多雨的气候条件影响，导致多种病害的发生，且上市期与露地黄瓜相遇，价格较低。播种期过晚，则生长后期温度急剧下降，以致产量降低。

秋延后黄瓜的一般采收期为 40 天左右。育苗期 20 天左右，幼苗 2 叶 1 心时定植。定植应在傍晚进行。可以采用直播的方式，或者露地高垄栽培，适宜的播种密度为大行 60 厘米，小行 40 厘米，株距 26 厘米，亩栽 5 300 株左右。

3. 田间管理

秋延后黄瓜的栽培主要包括前期的高温期管理、中期的温和期管理和后期的低温期管理 3 个部分。前期处于高温多雨期，应注意防雨防病，通风降温。下雨后及时排水防涝，防止田地积水；天气晴朗的时候又要及时浇水，为瓜苗降温。进入结瓜期之后就要水肥一起施用，肥水要少量多次，防止大水漫灌。在后期（10 月中旬以后），温度急剧下降，管理的重点也变成保温防寒。同时，注意定期给瓜秧换气通风，保持很好的通透度，防止过于湿润造成的病害蔓延。后期也可以进行叶面追肥，如用植物动力 2003、叶面宝、喷施宝等。

4. 支架与整枝

黄瓜生长到一定阶段后要及时支起"人"字形的花架，一般每棵秧苗支一高 2 米的架子。当秧苗长到花架顶部的时候，就可去尖打顶。主蔓基部 50 厘米以下的侧枝可清除，以利通风，其他侧枝可在雌花后留 1 叶去顶。

相对来说，秋延后大棚黄瓜栽培的难度更大一点，生长前期要做好抗病、防虫、抗热的管理，后期又要防止棚内温度太低影响秧苗的生长。

因此，生产上要特别注意棚内温湿度的调控，尽可能为秧苗的生长创造舒适的生长条件。如可以在播种前扣棚，撩起四周的薄膜，降低棚内的温度和湿度。9月中旬，气温逐渐下降后，将四周卷起的膜逐步往下放，直到压严薄膜。9月中旬到10月中旬这段时间内，棚内的气温相对适中，十分有利于黄瓜的生长发育。上午和中午坚持通风换气，使棚温（25～30℃）保持5小时以上，夜间逐渐减少通风，使棚温达到15～18℃。只有当外界的温度低于15℃的时候，才可以压严风口。9月下旬的时候，随着气温的逐渐降低，一般要晚放风，早关风，上午棚温达到25℃时放风，下午棚温达25℃时关风，夜间要注意防寒保温。10月中旬气温继续下降，黄瓜容易受到低温环境的影响，此时要注意做好防寒保暖工作。

六、日光温室黄瓜栽培技术

日光温室又称高效节能温室，与加温温室比较，能大幅度地降低黄瓜生产成本；与塑料薄膜大棚栽培相比，能根据需要提前或延后黄瓜种植1个月左右。这是塑料薄膜大棚栽培之后又一种值得大力推广发展的保护地栽培类型。

日光温室栽培技术在黄瓜栽培中占有绝对的优势。只要有足够的技术力量保证，再加上严格科学的管理手段，就能充分发挥其高效节能的优点。值得注意的是，在秋季利用日光温室条件栽培黄瓜和春季具有更大的环境调节难度。但是用日光温室栽培黄瓜，比大棚能延迟供应1.5个月以上，完全靠保温就能收获到11月下旬，属于节能高效的栽培方式。

1. 品种选择

采用日光温室的方法栽培黄瓜，在黄瓜品种的选择上就要十分注意，要选那些苗期较耐高温，结果期耐低温弱光，花芽分化对日照长度不敏感，较抗白粉病和枯萎病，而且中后期产量很高的优质品种。可以采用的有津杂3号、津研2号、津研4号、津研7号等黄瓜品种。

2. 整地施肥

（1）温室消毒。7月上中旬，春茬蔬菜收获完毕之后，立刻清除残枝败叶，深翻土地 40 厘米晒垄，并撤掉塑料薄膜让其被雨淋透，消灭土壤中潜伏的病虫害。在下次使用时，要换用新的薄膜，并在定植前 10 天左右，用硫黄加锯末点燃熏蒸消毒，每亩温室硫黄和锯末用量各 3 千克。然后密闭温室两个昼夜，然后打开门窗通风换气。

（2）作畦打垄。直接播种或定植前 7~10 天，每公顷温室全园撒施 75 000 千克左右优质农家肥，然后深翻 25~30 厘米，将肥料和泥土搅拌均匀，南北方向做成 1.2 米宽的高畦或 80 厘米宽的垄。

3. 育苗播种

根据倒茬或占地情况，可育苗栽植，也可以小芽直播。

（1）育苗播种。适当的育苗播种期为 8 月中旬，在露地扣小拱棚防雨育苗。播种之前要浸泡种子，并催芽。待芽刚一露嘴时，最好放在水井等低温处锻炼 2~3 天，以利培育壮苗。用营养钵装好营养土，或者和泥切成土方，然后摆上带芽的种子，放上大概一扁指的土，然后浇透水，放于防雨棚中。育苗数应是实际用苗数的 1.2~1.3 倍，以利保苗。

（2）苗期精细管理。日光温室栽培的黄瓜苗期正值昼夜温差大，日照时间较长的时期，影响雌花的形成，所以要在植株 1~3 片叶期间喷 1~2 次乙烯利，浓度为 1 千克水加 100~150 毫克乙烯利，可促进花芽分化，增加雌花的数量，防止黄瓜空长苗。苗期要适时通风，防止苗期病害的发生。

（3）直播技术。8 月上中旬小芽直播，每墩 2~3 粒种子，浇透水，封好墩。垄作株距为 24~27 厘米；畦作一般都栽双行，行距为 50 厘米，株距为 24 厘米。

4. 定植或定苗

（1）定植。8 月末至 9 月初定植。定植前选好苗，刨好墩，每墩施 5 克磷酸二铵用作口肥，摆苗后浇墩水，等到水完全渗入苗田后封墩。也可以采用先开沟摆苗，浇透水后再封墩的方法来防止水分蒸发。

（2）定苗。直播的小苗出土后，1叶1心期要及时间苗，每墩留2株，缺苗的要及时补种或补栽。出苗后要多次进行中耕除草，控制灌溉的时间和次数。在秧苗长到2叶1心的时候每墩留1株定苗，3片叶前喷乙烯利。加强病虫害防治，注意不要烧苗。

5. 田间管理

（1）植株调整。当黄瓜植株长到5~6片叶子的时候就可以进行植株的调整了。可以用竹竿插架，也可以用绳子吊蔓，根瓜以下侧枝全打掉，以上侧枝保留或在瓜前留1~2片叶摘心。等植株长到20多片叶子或者生长点距离棚膜10厘米左右的时候摘心。

（2）肥水管理。育苗的定植缓苗后及时浇缓苗水，直播的定苗后也要浇1次水稳苗。浇水后多次中耕，促进花芽和根系的生长发育，防止茎叶空长。9月上旬以前，光照强、温度高，秧苗生长迅速。浇水虽有降温作用，但容易徒长，而且表土的水分很多，黄瓜的根系很难下扎。这个时期的秧田降温主要依靠定期通风的方式，减少浇水的次数，以不缺水为原则，10多天浇1次水。9月中旬以后随着天气变冷，更要少次多量浇水，控水保温，不提倡少浇水，勤浇水的灌溉方式。在整个生育期，每隔10天左右，叶面喷洒0.3%磷酸二氢钾1次，可推迟植株衰老。在根瓜坐住期、结腰瓜时期和采收后刨坑追肥各1次。

（3）温度管理。栽培前期，加强通风，降温排湿。在夜间气温不低于15℃时昼夜通风。9月上旬以后，随着气温逐渐降低，要适当减小通风口的大小。适宜的晴天日温为25~30℃，夜温不低于12℃，阴天日温20℃，夜温不低于11℃，当夜温低于12℃时，夜间要关闭通风口。天气更冷的时候，夜间就要为棚室加盖草苫或保温被。如果这样仍不能达到保温的需要，就要临时点火加温，否则会减缓生育速度以至于停止生长。

（4）光照管理。黄瓜生长后期天气转凉，日照时间缩短，加上高大的植株之间的遮挡，室内的光照就严重不足。为增强光照，在保温的前提下草苦尽量早揭晚盖；注意保持透明、屋面清洁，也可用清水冲洗；后墙张挂反光幕，增强温室内后半部分的光照强度，并且在温室的内部墙壁上涂白来增加反光。

（5）病虫害防治。这个时期主要病虫害是霜霉病、白粉病、枯萎病、菌核病、病毒病及温室白粉虱、蚜虫等，要做好病虫害的预防工作。

6. 收获

秋黄瓜栽培目的与春季正好相反，其目的是尽量延长供应期。因此在不影响商品价值的前提下，应该尽可能延后采收，这样不仅满足了黄瓜淡季人们对蔬菜的需求，而且可以提高种植户的经济收益。一般 9 月末或 10 月上旬大棚黄瓜拉秧后上市，到 11 月下旬拉秧，每亩可产黄瓜 2 500 千克以上。

七、黄瓜无土高效栽培技术

无土栽培是近年来发展起来的一种新的作物栽培方式，主要是把作物栽培在人工配制的营养液或者岩棉、河沙、蛭石等特殊的物质中，定时定量供给营养液，促进作物生长和成熟。因为这种栽培方式脱离了传统栽培都需要用到的土壤，所以称为无土栽培，或叫营养液栽培、水培。无土栽培是一项新的栽培技术，发源于美国，虽然历史很短，但是发展十分迅速。目前主要的栽培国家如美国、英国、日本、荷兰等都有相当规模的生产面积。特别是荷兰无土栽培的蔬菜、花卉出口量很大，赚取了大量的外币。

（一）黄瓜无土栽培的特点

1. 克服连作障碍

黄瓜保护地栽培，难以克服多年连作导致的土壤盐渍化、病虫害高发的高产障碍，但是采用无土栽培可彻底解决这一问题。

2. 缩短生产周期

蔬菜生长快，生长周期短，产量高无土栽培可依据作物不同生育阶段特点，提供适宜的养分、水分等作物生长的必备条件，只要阳光充足，就可以密植或立体栽培，提高了单位面积的黄瓜产量。

3. 节省肥料和用水

可较精确地定量施肥、供水，既能满足作物各生育阶段的需要，又不浪费，避免了养分、水分的浪费，比传统的栽培方法可以节省水分50%~70%，肥料50%~80%。

4. 产品质量高

无土栽培很少或无土传病害，加上环境条件的综合控制，病虫害发生少，可以少施或不施农药，避免了经常喷洒农药对作物的影响，保证了蔬菜的无公害。

5. 不受地点和空间限制

无土栽培可在盐碱地、土壤严重污染地区或沙漠地区进行，不受地域、空间限制。

6. 改革传统的农艺操作

无土栽培的方法减轻了田地劳作的工作强度，并且可以采用自动化、机械化的生产方式，实现农业生产的现代化和高效化。

（二）无土栽培的类型及方式

无土栽培的材料主要分为固体基质和营养液两种，根据基质材料的不同和营养液供应方式的不同，又分成多种栽培方式。以下介绍5种栽培方式。

1. 沙培法（槽培法）

沙培法是指以沙砾为基质，装入一定容积的栽培槽内，然后定时定量浇灌营养液。栽培槽一般长15~20米、宽40~100厘米、高10~15厘米。槽框用砖、水泥板、木板等制成。槽内填基质厚5~10厘米，上面覆盖一层蛭石，用来减少水分的蒸发，防止基质过热。沙培法多用滴灌式或喷洒式的施液方式。一般在栽培槽内上端，建一个营养液罐，经过阀门、过滤器与滴灌设备连接，滴灌设备最好是滴灌带，也可是滴头。然后在栽培槽的另一端，安装一个回液池，用来回收经过排液管流出的营养液。

2. 袋培法

用厚度为 0.1 毫米的聚乙烯塑料袋，分直立型和扁平型两种：直立型高和直径各为 20 厘米，每个袋子种植 1 株黄瓜；扁平型的袋子一般为 90 厘米×40 厘米×8 厘米，或 100 厘米×20 厘米×8 厘米，每袋种 3 株黄瓜。塑料袋颜色以复合色、乳白色、银灰色和黑色为宜。袋子的底部要穿一些用来排水的孔。袋培法采用的供液方式为滴灌，一般 1 株黄瓜用一个滴头，大致的供液流程为营养液→过滤器→主管（直径 50 毫米）→毛管（直径 20 毫米）→水阻管（直径 4 毫米）。

3. 筒培法

筒培法采用的栽培床和槽培法十分类似，一般槽高 12~15 厘米，宽 60~75 厘米，然后在槽上放置厚度为 0.06~0.08 厘米的聚乙烯塑料薄膜加工制作的直径为 20 厘米或 50 厘米，长 25 厘米的塑料薄膜筒。直径 20 厘米的每筒栽 1 株，直径 50 厘米的每筒栽 3 株。滴浇系统与袋培法相同。

4. 营养液膜系统栽培

营养液膜系统在栽培技术上是一种十分先进的水培技术，一般由营养液贮液池、栽培床、泵、管道系统和调控系统构成。营养液在泵的驱动下从贮液池流出，经过栽培床，在栽培床上形成深为 0.5~1 厘米的流动营养液膜，为作物的生长提供营养、空气和水分条件，然后剩余的营养液又可以回流到贮液池，形成循环供液系统。其主要由以下几部分组成。

（1）栽培床。栽培床（槽）是一种可以让植物的根系和营养液在上面缓慢流动的槽式或床式结构，要求有一定坡度，一般坡度为（1：80）~（1：100）。长度以10米为宜，最长不超过30米。将育苗块或营养钵中的幼苗成行沿着栽培槽进行定值。然后再用水泵把营养液从贮液池经管道扬到栽培槽的上端。营养液缓慢地沿栽培床流经作物根盘底部，再通过管道流回贮液池。

（2）供液循环系统。供液循环系统主要由泵和管道组成，水泵一般用0.5千瓦密封式耐腐蚀小型水泵就可以了。通过水泵将营养液扬到给水管道（直径5厘米），通过滴头将营养液送入栽培床，营养液流经栽培床，通过排水管道，然后流回贮液池。

（3）贮液池。贮液池容量设计一般按每平方米栽培床10升容积计算，可用砖、水泥砌成，内侧表面应涂沥青或树脂，防止腐蚀，贮液池一般都建造在地下。

5. 岩棉栽培

岩棉栽培是近几年继荷兰、英国、丹麦、日本等国之后迅速开发普及的一种新式无土栽培技术，具有超过营养液膜栽培技术的许多优点。岩棉的保水性和透气性比较好。灌注营养液后，含水率为60%，可保持相当多的营养液。并且可以根据植物生长的需要，及时迅速地为其补充营养液，操作也更方便。

（1）栽培床。栽培床长10~20米、宽30厘米。栽培床先铺一层乳白色或银灰色或里黑外白的复合塑料薄膜，薄膜上再铺一层无纺布，防止植物的根系穿过，然后放置规格为90厘米×20厘米×7.5厘米的岩棉板，在岩棉板上放置带苗的岩棉块；最后用铺底的塑料薄膜将无纺布、岩棉板和营养块一起包住。

（2）滴灌循环系统。滴灌循环系统主要是通过贮液池向各个栽培床的固定滴液管内滴液，向岩棉板上洒水，供液时，多余的营养液通过安装在岩棉板底下的排水管聚集到集水池中。集水池中的水泵再将营养液提升到贮液池中，开始下一次循环。

（3）非循环滴灌系统。非循环滴灌系统是在岩棉板上放置有孔的滴灌管或从直径15~20毫米的硬质管中分支出滴灌管，一滴滴地定时供给营养液。多余的营养液就从栽培床下的出口排出。

第二章 茄 子

茄子为茄科茄属植物，起源于亚洲东南热带地区。茄子是我国南北各地栽培普遍的蔬菜之一，含有丰富的蛋白质、维生素、钙盐等营养成分，适应性强，生长期长，产量高，是北方地区夏秋季的主要蔬菜之一。

第一节　植物学性状

一、根

茄子根系发达，由主根和侧根组成。其根群深达 120~150 厘米，横展 1 厘米左右，吸收能力强。育苗移栽的茄子根系分布较浅，多分布在土壤 30 厘米土层。茄子的根系木栓化较早，再生力弱，不适宜多次移植。

二、茎

直立、粗壮，分枝较规则，为假二叉分枝。一般早熟品种在主茎生长 6~8 片真叶后，即着生第一朵花。中熟或晚熟品种要长出 8~9 片叶以后才着生第一朵花。当顶芽变为花芽后，紧挨花芽的 2 个侧芽抽生成第一对较健壮的侧枝，代替主枝生长，呈"Y"形。以后每一侧枝长 2~3 片叶后，又形成一花芽和一对次生侧枝。依此类推。由于茄子花芽下的第一侧枝分化与生长和番茄相似，第二侧枝强健，所以所结果实在形态上不在二叉正中，而是生长在一侧。主茎的叶腋也可生出侧枝、开花结果，但这些枝较弱，果实成熟晚，所以多摘除。

三、叶

单叶、互生，有长柄。蒸腾量较大。茄子茎和叶的色泽有绿有紫，果实为紫色的品种，其嫩茎及叶柄带紫色；果实白、青的，则茎叶的为绿色。

四、花

完全花，自花授粉，花多单生，个别品种簇生。花色淡紫或白色，花分为长柱花、中柱花、短柱花，长柱花为健全花，能正常授粉，但异交率高；短柱花不健全，授粉困难。

五、果实与种子

果实为肉质浆果，主要由果皮、胎座、髓部和种子组成，其海绵组织为主要食用部分。果形有圆、扁圆、长形及倒卵圆形，果色有深紫、鲜紫、白色与绿色。每果内有种子 500~1 000 粒，千粒重 4~5 克。

第二节　生长发育周期

一、发芽期

从种子发芽到第一片真叶出现（破心），30℃ 条件下 6~8 天即可发芽。

二、幼苗期

从第一片真叶出现到第一花序现蕾。此期以真十字期（4 片真叶）为转折点，分为前后两个阶段，真十字前营养生长阶段，幼苗生长量的 85% 在前期完成。进入真十字后期开始花芽分化，植株健壮花芽分化良好。

三、开花结果期

从第一花序现蕾到收获完毕，此期按生长过程分为门茄现蕾期、门茄瞪眼期、对茄与四面斗结果期、八面分时期。门茄现蕾标志着结果期开始，为定植适期。门茄瞪眼到四面斗成熟为产量的高峰期。此期茎叶和果实同时生长，养分竞争较大易产生果实对茎叶或下部果对上部果的抑制作用，栽培上需注意。

第三节 对环境条件的要求

一、温度

生育适温为 25～30℃，比番茄稍高。17℃以下生育缓慢，花芽分化延迟，花粉管伸长受抑，会引起落花。10℃以下则代谢失调，5℃以下会有冷害，0℃以下冻死。开花适温 20～25℃，夜温 15～20℃，高于 35℃花器官发育不良，特别是夜温过高时，由于消耗大，果实生长慢，甚至产生僵果。

二、光照

喜光，光饱和点为 40 000 勒克斯，补偿点为 2 000 勒克斯。茄子对光照长短反应不敏感，但光照度对其影响较大，幼苗期光照度弱，苗易徒长，花芽分化与开花晚，光合作用降低，产量下降，着色不好。

三、水

耐旱性弱，需要充足的土壤水分供给，水分不足植株生育缓慢，花果实发育不良，果面粗糙无光泽。土壤过湿通气不良，容易引起烂根。

四、土壤营养

对土壤要求不严，适宜的土壤酸碱度 pH 值为 6.8～7.3，较耐盐碱。茄子对氮肥的要求较高，缺氮时延迟花芽分化，花数减少，在开花盛期缺氮，植株发育不良。后期对钾的需要量增加。

茄子比较耐旱、怕涝。茄子喜肥耐肥。生长期要求多次追肥方能保证结果期长，高产。

第四节 栽培季节与茬口安排

茄子生育期长，在北方露地多为一茬栽培。早春育苗，晚霜过后定植露地，夏秋季收获。其前茬可以是越冬菜，或冬闲地，也可与早甘蓝、大蒜、速生绿叶菜间作套种，后期可与秋白菜、萝卜或越冬菜套种。保护地主要在小拱棚、塑料大棚、温室冬春茬和春茬早熟栽培。

第五节　冬春茬和春茬茄子设施栽培技术

一、品种选择

选择品种选择一方面要考虑温室冬春季生产应选择耐低温、耐弱光，抗病性强的品种，另一方面要了解销往地区的消费习惯。目前主要以长茄和卵茄为主。

二、育苗

壮苗标准：株高 20 厘米，茎粗 0.6 厘米以上，真叶 7~9 片，叶片肥大，叶色浓绿，开始现蕾，根系发达，无锈根，全株无病虫害。

适时播种：根据不同的栽培形式，选择适时播种。冬春茬大棚栽培 9 月中下旬冷床育苗。春季栽培 9 月下旬至 10 月上中旬，塑料棚冷床育苗。温床育苗 11 月下旬至 12 月上旬。

（一）种子消毒与浸种催芽

（1）种子消毒与浸种。栽培品种的种子消毒与浸可用温汤浸种，即 50~55℃热水浸种 10~15 分钟，浸种期间不断搅拌种子，然后 20~30℃热水浸种 8~10 小时；也可以用化学药剂处理，即用 1% 高锰酸钾溶液浸种 30 分钟，捞出经反复淘洗后 20~30℃热水浸种 8~10 小时；用 10% 磷酸三钠浸种 20 分钟，捞出经反复淘洗后 20~30℃热水浸种 8~10 小时。

嫁接砧木的浸种：目前生产上应用的嫁接砧木主要有赤茄和托鲁巴姆，赤茄在 20~30℃热水浸种 24 小时，托鲁巴姆在 20~30℃热水浸种 5~7 天。

（2）催芽。茄子种子种皮具角质层并附有一层果胶物质，水分和氧气很难进入，催芽前需反复搓洗几次，以去除种皮外的黏液。催芽温度 25~30℃，催芽期间，每天翻动种子 2 次，见干时适当喷水，当芽长至 0.2~0.3 厘米时可播种。

（3）播种。砧木比接穗提前播种，赤茄比接穗早播 6~8 天，托鲁巴姆比接穗早播 23~28 天。

茄子冬春及早春茬栽培苗期猝倒病较严重，在苗盘中装 8~10 厘米厚床土后，先整平，打透水，然后用五代合剂拌药土，采取药土上铺下盖防猝倒病的办法。具体方法：15 千克营养土内加 70%五氯硝基苯和 80%代森锌各 4 克混合拌匀。药土 2/3 撒在 1 平方米苗床上，然后播种，播后再将剩余的 1/3 药土盖在上面。

每平方米播种量 35~40 克，幼苗破心时移植，覆土厚度 0.8~1 厘米。覆地膜，并加盖棉布等。总之，要求温度保持在 25~30℃。如果早春低温，可先铺好地热线。

（二）分苗

2 片子叶 1 心叶时分苗为宜，2 真叶 1 心之前完成分苗。因为茄子根系木栓化早，为保护根系，最好只进行一次分苗，并且最好移至营养钵内或营养坨。分苗前 2~3 天，普浇一遍水，以利起苗，减少伤根。分苗方法同番茄栽培。

（三）嫁接

嫁接砧木苗龄 5~6 片真叶，接穗苗 4~5 片真叶；通常采用劈接方法。

（四）苗期环境管理

（1）温度管理。齐苗后可适当降低苗床温度，白天控制在 25℃，夜间降至 15℃，土温保持在 18℃。1 叶 1 心时，对过密的苗子可进行间苗，间苗时要去掉弱苗和病苗。如苗床有裂缝出现，可向苗床撒 0.5 厘米的细湿土或粉沙。当幼苗长出 2~3 片真叶时，白天温度 20~25℃，夜间温度在 15℃，土温要保持 18℃，苗床可加大通风，炼苗，为分苗做准备。分苗后，缓苗前应适当提高白天 25~30℃，夜间 18~20℃；经 6~7 天缓苗后，要放风降温，风量由小到大，白天温度 25~28℃，夜间 15~17℃。继续降温，白天温度 25℃，夜间 10~15℃，土温不低于

15℃，定植前一周进行幼苗低温锻炼，应与栽培环境逐步一致。

（2）光照和灌水。温室育苗，条件允许的情况下，尽量早揭和晚盖多层保温覆盖物。经常清除透明覆盖物上的污染物；当两片子叶展开吐出心叶时，要增加光照，最好在苗床北侧悬挂反光幕。低温时期浇水总的原则是：每次浇水要充足，尽量减少浇水次数，以免温度降低。

（3）追肥。苗期可采取 1~2 次叶面喷洒 0.3% 硫酸二氢钾或尿素的办法进行根外追肥。

三、定植

（一）整地施肥作畦

茄子生长期长，根系发达，必须深耕和重施基肥，保护地采用大垄双行。每亩施肥 6 000~10 000 千克，三元复合肥 50 千克，或硫酸钾 10~15 千克，过磷酸钙 15~20 千克，尿素 20 千克，结合深翻 25 厘米，平整后做成高垄。垄高 15~20 厘米，一般早熟品种株型矮小，垄宽 60 厘米，株距 33 厘米，每亩定植 3 500 株，中晚熟品种株型高大，垄宽 70~75 厘米，株距 40 厘米，每亩定植 2 500~3 000 株。

（二）棚室防虫消毒

在棚室通风口用 20~30 目尼龙网纱密封，阻止蚜虫迁入，地面铺银灰色地膜，或剪成 10~15 厘米的膜条，挂在棚室放风口处，驱避蚜虫。定植前 3~5 天每亩棚室用硫黄粉 2~3 千克，加 80% 敌敌畏乳油 0.25 千克，拌上锯末分堆点燃，然后密闭一昼夜，经放风无味后再定植，或定植前利用高温闷棚。

（三）定植时间、方法

当棚室内 10 厘米土温稳定通过 12℃ 后定植，短期最低气温不低于 10℃。选寒尾暖头晴天上午栽苗，在垄上开 12 厘米深的穴，穴浇水，当水渗下一半时，将带土坨的茄苗放入，深度以露出子叶为宜，水渗下后封埯。

四、定植后的管理

（一）缓苗期的管理

春冬茬和早春茬栽培，茄子定植处在低温季节，在管理上，要重点加强温度管理，以提高棚室温度，定植后的 10~15 天，可使棚室温保持在 30~35℃，以提高棚室内地温，促进茄苗发根。此期一般不通风，以利保温，如晴天中午前后，棚室温度过高，茄苗出现萎蔫时，可盖草苫遮阳。缓苗期一般不浇水。夜间棚室内温度一般要保持在 20℃，不要低于 12℃。越冬茬和秋延迟茄子的定植期，自然温度可以满足缓苗期的需要。但此时，晴天中午光照强，温度高，土壤蒸发和叶面蒸发量大，茄子易出现萎蔫，所以定植后要注意适当浇水和晴天午间遮阳；如果无遮阳条件，可适当放风控制温度。

当新叶开始生长，新根出现，已经缓苗，要适当降温，白天控温在 25~28℃，夜间保持在 17℃，地温控制在 15℃。

（二）结果前期的管理

结果前期，应促进植株稳发壮长，搭好高产架子，提高坐果率，防止落花落果。栽培上的具体措施如下。

（1）加强棚温调控，白天保持 26~30℃，若超过 32℃ 可适当通风换气。夜间温度维持在 16~20℃，最低 12℃。如果温度持续高于 35℃ 或低于 17℃，都会引起落花或出现畸形果。

（2）整枝和肥水管理，要及时将第一侧枝下的侧枝抹去，以免消耗养分。一般早熟品种多采用三杈留枝，中晚熟品种多采用双干留枝。在肥水管理上，特别是茄瞪眼之前，应尽量不浇水，中耕保墒，防止水分过多造成徒长，导致落花。瞪眼期后要加强肥水管理，这时是营养生长和生殖生长同时进行的时期，可结合浇水，每亩施尿素 10~15 千克，硫酸钾 10 千克。为防止浇水引起温度低，浇水应选晴天上午进行，实行隔天浇水。

（3）提高坐果率，为防止落花落果，可使用生长调节剂，应用浓度为 30 毫克/升的 2,4-D 溶液，在此范围内，气温高时浓度可低，反之，则高些，也可选防落素。

（三）结果盛期的管理

门茄采摘后，是提高茄子产量的关键时期。此期生产量大，结果数量增加，要求有合理的肥水、光照和适宜的温度。在管理上，越冬茬和早春茬，室外仍然温度很低，因此，白天棚温应保持在25~30℃，夜间15~20℃，昼夜温差在10℃左右比较适宜，如白天棚温超过32℃，应放风。进入盛果后期，棚外气温升高，为防高温危害，晴天白天可通底风，夜间棚温不低于16℃不关顶窗，保持通风。秋延后栽培，整个盛果期，气温逐渐下降，处在低温季节，更需加强防寒保温。光照是大棚的热量的重要来源，在此期间，要注意早揭草苫，争取每天的光照时间，在棚膜覆盖的整个期间要经常擦薄膜上的灰尘，以提高透光率。加强肥水管理，每8~9天浇一次水，间隔一水，随水施一次肥，除施尿素和硫酸钾外，可以每亩施入粪尿800~1 000千克。

整枝摘老叶，为加大通风，摘除的老叶要带出棚外，烧掉或深埋。门茄以下如有侧枝出现也要及时抹去。如栽植密度过大，枝叶过密，可适当疏除空枝和弱小植株。当四门斗茄坐住后，在茄果之上4片叶进行摘心，以集中营养促进果实膨大。

（四）病虫防治

大棚冬春茬茄子在生长的中后期，由于气温升高，棚内温度高，湿度大，因而病虫害时有发生。主要病害有绵疫病、褐纹病等；虫害主要有蚜虫、茶黄螨、白粉虱等，要及时防治。对病害的防治首先是做好棚内温湿度的管理，特别要注意温度的控制，这些病害的发生无与棚内湿度过大有直接关系。控制棚内湿度办法，主要是做好大棚的通风排湿，特别是浇水后通风尤为重要。

（五）适时采收

茄子采收太早影响产量，过晚品质下降，还会影响后面茄果的生长发育，同样降低产量。采收最好在早晨，因为此时果实饱满，光泽鲜艳，商品型好。

第三章 辣 椒

第一节 辣椒生产概况

辣椒，又名番椒、辣子、海椒、辣角、辣茄、秦椒，原产于中南美洲，属茄科辣椒属蔬菜，17世纪40年代传入中国，至今已有300多年的栽培历史。

一、辣椒栽培现状

辣椒是世界主要蔬菜作物之一，有着广泛的用途，既可鲜食，又是重要的调味品，因此被广泛栽培。目前世界辣椒种植面积370万公顷，产量3700万吨，是最大的调味料作物。近年来中国的辣椒种植总面积基本稳定在130万~160万公顷，面积仅次于白菜类蔬菜，位居中国各类蔬菜种植面积的第二位，总产量2800万吨，经济总产值近700亿元，居蔬菜作物之首位，年贸易总额980亿元，种植面积和总产量分别占世界辣椒面积的35%和总产量的46%，均居世界各国之首。

中国多数省、直辖市、自治区都有设施辣椒栽培，只是设施类型有所差异。北方冬春季以日光温室生产为主，南方冬春季以大、中、小棚生产为主，中部地区冬春季既有温室栽培又有大中棚栽培，面积大小不一，品种类型多样化，但经济效益和社会效益都比较高，对中国蔬菜市场周年供应有着重要的意义，辣椒产业已成为农村产业结构调整、助农增收、富民兴村的绿色产业。

（一）设施辣椒生产现状

（1）辣椒保护地栽培设施较差，抗御自然灾害能力弱。虽然我国常年辣椒栽培面积接近2200万亩，但设施辣椒栽培面积仅 300 万亩左右，而且大多数栽培设施仍以简易型中小棚、大棚和土质日光温室为主，有些棚室仅具有简单的防雨保温功能，抗御强风、暴雪、冰雹等灾害的能力差，难以对棚室内温度、光照、肥水、空气等环境因子进行调控，冬春季一旦受到恶劣气候影响，产量和品质都会受到严重冲击，有些年份甚至因发生冻害而绝收。

（2）田间操作机械化程度低，劳动强度大。我国设施辣椒栽培以传统的手工操作为主，劳动强度大，劳动生产率偏低。精量播种机在部分瓜菜育苗工厂得到一定应用；集施肥、旋耕、深松、起垄、覆膜为一体的小型耕种机具仅在部分发达地区的蔬菜示范园区和农民专业合作社的钢架大棚、日光温室和连栋棚室中得到有限使用。

（3）设施栽培技术不配套，科技含量低。设施栽培技术不配套、不规范，科技推广应用较慢。栽培技术缺乏集成化、栽培过程缺乏标准化、产品指标缺乏量化，产前、产中和产后经常脱节。种植户对辣椒市场信息把握不准，科技普及率偏低，生产具有一定的盲目性，往往引起田头市场价格大起大落，致使产量、品质及椒农收入常常在一个低水平上徘徊。

（4）土壤环境趋于恶劣，连作障碍日益加剧。大棚或日光温室辣椒生产比较效益较高，导致连作现象比较突出，造成土传性病害和虫害加重，土壤养分比例失调，有机质含量下降，盐渍化程度提高，直接导致减产、品质下降。

（二）设施辣椒产业发展前景展望

（1）栽培面积稳中有升，种植水平逐步提高。设施辣椒栽培因其比较效益较高使得种植面积将持续稳定，在局部地区有所发展，生产基地区域化、规模化、品牌化和产业化水平将进一步提高。

（2）新材料、新装备的应用得到日益普及。设施配套技术、小型操作机械、环境设施、清洁生产技术将得到进一步应用与完善。开发具有集热、蓄热和保温能力的日光温室和大型连栋温室，开发透光保温合一型透光材料、遮光保温合一型材料、光调节农膜和生物可降解薄膜等，研究温室微环境内的生态循环过程，使用高效节能型耕作机具和植保机械，减少化肥和农药的投入，节水灌溉，实现可持续生产。

（3）设施专用品种得到进一步研制与应用。常规育种和分子标记辅助育种以及生物技术育种相结合，一大批抗病、优质、丰产、特色、耐储运、适于设施大棚和日光温室及连栋大棚栽培的专用辣椒品种将会得到进一步开发和应用。同时，辣椒功能拓展方面的深化研究也会继续引起育种家的重视。

（4）采后处理受到重视，种植效益有所增加。更加规范和重视产品的采后处理与贮藏加工，增加辣椒产品的附加值，提高产品和产业的总体效益。

二、优质辣椒产品标准

（一）有机食品、绿色食品、无公害食品概念

（1）有机食品。有机食品来自有机农业生产体系，根据有机农业生产的规范生产加工，并经独立的认证机构认证的农产品及其加工产品等。

有机食品的生产环境无污染，在原料的生产和加工过程中不使用化学合成的农药、化肥、除草剂、生长调节剂、饲料添加剂和色素等物质，不采用基因工程技术，应用天然物质和对环境无害的方式生产、加工形成的环保型安全食品，属于真正地源于自然、富营养、高品质安全环保生态食品。有机食品生产要比其他食品难得多，需要建立全新生产体系，采用相应替代技术。我国的有机食品生产当前正处在快速发展时期，产品主要用于出口，出口利润也相对较高。

（2）绿色食品。根据中华人民共和国农业行业标准，绿色食品是指遵循可持续发展原则，按照特定生产方式生产，经专门机构认定，许可使用绿色食品标志，无污染的安全、优质、营养类食品。我国规定绿色食品分为 AA 级和 A 级两类。

AA级绿色食品：是指在生态环境质量符合规定标准的产地，生产过程中不使用任何有害化学合成物质，按特定的生产操作规程生产、加工，产品质量及包装经检测、检查符合特定标准，经中国绿色食品发展中心认定并允许使用绿色食品标志的产品。AA级绿色食品相当于国际上通用的有机食品标准。

A级绿色食品：在生产过程中允许限量使用限定的化合成物质，其余与AA级相同。绿色食品标准目前主要应用于国内一些大中型蔬菜超市、菜店、蔬菜加工出口企业等的蔬菜生产。

（3）无公害食品。无公害食品指产地生态环境清洁，按照特定的技术操作规程生产，将有害物含量控制在规定标准内，并由授权部门审定批准，允许使用无公害标志的食品。无公害食品注重产品的安全质量，其标准要求不是很高，涉及的内容也不是很多，适合我国当前的农业生产发展水平和国内消费者的需求，对于大多数生产者来说，达到这一要求不是很难。

（二）无公害辣椒产品要求

（1）感官要求。根据《NY 5005—2008 无公害食品茄果类蔬菜》，无公害辣椒产品感官要求应符合以下标准。

同一品种或相似品种；果实已充分发育，种子已形成；果形只允许有轻微的不规则，并不影响果实的外观；果实新鲜、清洁；无腐烂、异味、灼伤、冻害、病虫害，允许有少量机械伤。每批次样品中不符合感官要求的按质量计，总不合格率不应超过5%，其中腐烂、异味和病虫害不应检出（腐烂和病虫害为主要缺陷）。同一批次样品规格允许误差应小于10%。

（2）安全指标。根据《NY 5005—2008 无公害食品茄果类蔬菜》，无公害辣椒产品的安全指标应符合以下标准，见下页表。

（3）包装。根据《NY 5005—2008 无公害食品茄果类蔬菜》，用于辣椒产品包装的容器如塑料箱、纸箱等应按产品的大小规格设计，同一规格应大小一致，整洁、干燥、牢固、透气、美观、无污染、无异味，内壁无尖突物，无虫蛀、腐烂、霉变

等，纸箱无受潮、离层现象。塑料箱应符合《GB/T 8868—1988
蔬菜塑料周转箱》的要求。按产品的规格分别包装，同一包装
内的产品需摆放整齐紧密。

表　无公害辣椒产品安全指标

项目	指标
乐果（毫克/千克）	≤0.5
敌敌畏（毫克/千克）	≤0.2
辛硫磷（毫克/千克）	≤0.05
毒死蜱（毫克/千克）	≤0.5
氯氰菊酯（毫克/千克）	≤0.5
溴氰菊酯（毫克/千克）	≤0.2
氰戊菊酯（毫克/千克）	≤0.2
联苯菊酯（毫克/千克）	≤0.5
氯氟氰菊酯（毫克/千克）	≤0.5
百菌清（毫克/千克）	≤5
多菌灵（毫克/千克）	≤0.1
铅（以 Pb 计）（毫克/千克）	≤0.1
锡（以 Cd 计）（毫克/千克）	≤0.05
亚硝酸盐（以 $NaNO_2$ 计）（毫克/千克）	≤4

注：其他有毒有害物质的限量应符合国家有关的法律法规、行政规范和强制性
标准的规定

（4）运输与贮存。根据《NY 5005—2008 无公害食品茄果
类蔬菜》，辣椒产品运输前应进行预冷，运输过程中要保持适当
的温度和湿度，温度为 8~10℃，相对湿度为 85%~90%。注意
防冻、防雨淋、防晒、通风散热，不应与有毒、有害物质混运。

按照辣（甜）椒品种类型、等级、规格分别贮存。贮存温
度为 11~12℃，空气相对湿度保持在 90%~95%。库内堆码要保
证气流均匀流通。

（三）设施辣椒无公害生产途径

考虑辣椒产品污染的基本对策时，不能忽视两个方面的现
实状况。首先，产品污染是农业环境污染造成的，不解决农业

环境污染的大环境问题，产品的污染危害很难从根本上消除；其次，当下我国整个环境质量状况是令人担忧的，农业生产环境非常严峻，虽然局部有所好转，但总体上仍在恶化。工业和城市的肥水、废气（二氧化硫、二氧化氮、氟化氢等）和废渣、大气悬浮微粒物，农业生产中农药、激素和化肥等农用化学物质的不合理使用，是造成蔬菜农药残留和环境污染的重要因素，直接危害到人们的食用安全和身体健康。废弃农膜、地膜、有机废弃物污染也是当前面临的突出问题。因此，一方面要加大农业环境的整治力度，从污染的源头治理"三废"排放；另一方面开展农产品的清洁生产，发展循环农业，进行无害化栽培，提高产品的质量和品质。

（1）建立蔬菜污染检测系统，保障农产品质量安全。从辣椒产地、生产过程和产品销售市场等环节进行检查和管理，明确规定辣椒生产基地大气、水质、土壤、农药、化肥、激素的最大允许值，保障辣椒产品的质量安全。增强种植者对辣椒产品质量安全意识，以适应生产、加工、贸易一体化发展的需要。

（2）全面推广设施辣椒科技化、标准化、无害化生产。加强辣椒新优特品种、新技术、新模式、新装备、无害化产品的宣传及其标准化栽培技术规程的培训，培养造就一批有文化、懂技术、会经营的新型农民和种椒带头人。要求掌握适温大温差变温管理，培育适龄壮苗，提高植株抗逆性；增施有机肥，合理施用化肥，控制氮素化肥用量，实行测土平衡施肥；通过高垄（畦）栽培、膜下暗灌和地膜全覆盖，维持冬季棚室内较高的地温，有效降低棚室内空气湿度；避免高温和低温伤害；能识别主要病虫害症状，掌握主要病虫害综合防治等实用技术，提高辣椒种植者的科技与栽培水平。

（3）优先推广应用生物防治、物理防治。满足身体健康的需要既要增加辣椒产量更要注重产品质量，生产过程中施肥管理和病虫害防治都直接与辣椒产品的无公害有关。减少化肥的投入量，优先使用生物农药，重视物理防治。积极保护并利用好天敌，采用病毒、线虫、植物源农药和生物源农药防治病虫害。例如，喷施阿维菌素·吡虫啉乳油，释放丽蚜小蜂，张挂黄色诱虫板诱杀蚜虫等飞虫。

（4）掌握农药使用方法，严格遵守农药使用准则。减少农药使用次数，遵守农药安全用量和使用的安全间隔期，合理用药、轮换用药，选用高效、安全、低毒、低残留的农药。冬春季低温寒冷季节棚室内优先使用百菌清、速克灵、10%烟（螨）熏死烟剂等烟熏剂防病治虫。

（5）大力推进辣椒生产的产业化水平。培育并做大做强辣椒产业的龙头企业，建设辣椒种苗繁育基地和规模化标准化种植基地，培育特色品牌，加快发展农民专业合作组织（社），提高农民组织化程度，进一步推动辣椒种植由粗放型向集约化转变，全面推进辣椒生产、加工、销售一体化，达到"高产、高效、生态、安全"的目的，提升我国辣椒生产的产业化经营水平。

第二节　辣椒优良品种

一、品种选择原则

选择的辣椒品种要与选用的栽培模式相适应。选择辣椒的种植模式又取决于当地的生产条件、消费习惯和消费水平以及辣椒产品的外销市场。大棚和日光温室栽培辣椒投入较大，成本较高，因此不同季节采用不同的种植模式应该选择与之相匹配的辣椒专用品种，结合科学管理，才能获得较高的经济效益。同样是大棚或日光温室保护地栽培，越冬茬、早春茬或秋延后茬口，对椒类品种的具体要求也是有较大差异的。

选择栽培周期短的栽培模式时，应该优先选用早熟、主侧枝结果能力都强的辣椒品种，尤其是前期产量或前中期产量高的品种；选择栽培周期长的栽培模式时，通常选用（中）晚熟、抗病抗逆性强、果大、产量高、后期不易早衰的辣椒品种。

（一）大棚早熟栽培品种选择

要求所选择品种的早熟性好，主侧枝的分枝能力强、连续结果性好，耐低温、弱光照，冬春季低温弱光环境中坐果率高，畸形果率低，光泽度好，抗病、耐寒、耐湿性强，前期或中前期产量高，后期不易早衰、果实较大，果实商品性符合市场需求，品质优。

（二）日光温室栽培品种选择

品种主要分为两种类型：越冬栽培的辣椒品种与大棚早熟栽培的品种要求基本相同。另一种为温室长季节栽培类型，要求辣椒为中熟或中晚熟品种，生长势旺，枝条硬朗、分枝能力（较）强，主枝结果性好，果实较大，果实商品性符合市场需求，耐储运，抗病性和抗逆性强，生育期长，前后期果实差异性小，后期不易早衰，优质，总产量高。

（三）大棚和日光温室秋延后栽培品种选择

要求选择的辣（甜）椒品种属于早中熟类型。株型半开展或较紧凑，枝条较健壮，耐热性突出，抗病毒病能力强，耐疫病，坐果性能好，且坐果集中，果实较大、果面光滑、光泽亮，并且符合市场消费需要，果实红熟速度快，红果颜色鲜红，具有较好的耐储运性能。

另外，品种选择还要从果实的形状、颜色、大小、辣味浓淡等方面兼顾当地的消费习惯以及外销市场的要求。

二、设施专用辣椒品种

（一）适宜棚室栽培的辣椒品种

（1）苏椒5号。江苏省农业科学院蔬菜研究所育成。早熟杂交一代品种。耐低温，耐弱光照。始花节位6~7节，株高45~50厘米，株型较开展，株幅50厘米左右，节间短，分枝能力强，连续坐果性好，膨果速度快，早期产量显著。果实灯笼形，果顶有凹陷，果长11厘米，果肩宽4.5厘米，肉厚约0.2

厘米，果形指数接近2.3。果实表面微皱，淡绿色，光泽好。一般单果重35~40克，大果60克。皮薄肉嫩，食之无皮渣，无青涩味，微辣，口感好。适合冬春季保护地栽培。

（2）苏椒11号。江苏省农业科学院蔬菜研究所育成。早熟杂交一代品种。植株半开展，株高55厘米，株幅50~55厘米。叶披针形，绿色。始花节位6~7节，早熟，耐低温，耐弱光照，分枝能力强，挂果多，前期产量突出。果实长灯笼形，果面微皱，光泽好。青熟果浅绿色，老熟果实鲜红色。果长11.0厘米，果肩宽4.7厘米，肉厚0.25厘米，单果平均质量47.5克，味微辣，皮薄质脆，品质佳。适合冬春季保护地栽培。

（3）苏椒14号。江苏省农业科学院蔬菜研究所育成。早熟杂交一代品种。植株长势较强，株高55厘米，开展度60厘米左右，叶片绿色较光滑，侧枝稀少。始花节位7~8节。果实牛角形，成熟期早，青熟果淡绿色。果长18厘米，果肩宽5厘米，果形指数3.6左右，果肉厚0.31厘米，单果重80克，味微辣，成熟果鲜红色而且转色快，商品性好。田间调查高抗病毒病和炭疽病，抗逆性强。适合春季、秋延后保护地栽培。

（4）苏椒15号。江苏省农业科学院蔬菜研究所育成。中早熟杂交一代品种。始花节位9~10节，植株生长势强。果实大牛角形，果长18~20厘米，果肩宽4.9厘米，果形指数3.5，果肉厚0.36厘米，平均单果质量96.9克，青果绿色，成熟果红色，果面光滑，味微辣。果实商品性好，耐贮运。对低温和高温均有较好的耐受性，低温下连续结果能力强。综合抗病能力强，高抗炭疽病、疫病、青枯病，中抗病毒病。适合冬春季、秋延后保护地栽培。

（5）苏椒16号。江苏省农业科学院蔬菜研究所育成。早熟杂交一代品种。植株长势较强，株幅半开展。始花节位7~8节，耐低温耐弱光照。分枝能力强，挂果多。果实长灯笼形，果面微皱，光泽好。青熟果浅绿色，老熟果实红色。果长12.0厘米，果肩宽4.5厘米，肉厚0.26厘米，单果平均质量50克，味微辣，品质佳。适合冬春季保护地栽培。

（6）苏椒 17 号。江苏省农业科学院蔬菜研究所育成。早熟杂交一代品种。植株生长势强，叶绿色，株高 60 厘米左右，开展度 55 厘米左右。嫩果长灯笼形，绿色，微辣，果长 10.3 厘米，果肩宽 4.8 厘米，果肉厚 0.27 厘米，平均单果重 44.2 克。中抗病毒病、高抗炭疽病。适合冬春季保护地栽培。

（7）江蔬 1 号。江苏省农业科学院蔬菜研究所育成。早熟杂交一代品种。植株半开展，株高 55 厘米，株幅 50~55 厘米，始花节位 7 节，分枝能力强，挂果多。果实粗牛角形，果面光滑，光泽好，青熟果绿色，老熟果鲜红色，果长 20 厘米，果肩宽 5.2 厘米，肉厚 0.3~0.4 厘米，平均单果重 100 克，味微辣，品质极佳。抗病毒病和炭疽病。适合冬春季、秋季保护地栽培。

（8）江蔬 2 号。江苏省农业科学院蔬菜研究所育成。中早熟杂交一代品种。植株半开展，分枝能力强。始花节位 8~9 节。果实粗牛角形，青熟果绿色，老熟果深红色，果面光滑有光泽，果长 16~18 厘米，果肩宽 4.5~5.5 厘米，肉厚 0.25~0.35 厘米，单果重 60~90 克，味微辣，品质佳。耐热耐旱性强，抗病毒病、炭疽病和耐疫病。适合秋延后保护地栽培。

（9）江蔬 4 号。江苏省农业科学院蔬菜研究所育成。早熟杂交一代品种。植株半开展，株高 50~55 厘米，株幅 45~48 厘米，分枝能力强。始花节位 9~10 节。果实粗牛角形，淡绿色，果面光滑有浅棱，果长 15~16 厘米，果肩宽 4~4.5 厘米，肉厚 0.25~0.30 厘米；单果重 40~50 克；味微辣，皮薄，脆嫩，品质特佳。抗病毒病、炭疽病和耐疫病。适合冬春季保护地栽培。

（10）尖椒 99。江苏省农业科学院蔬菜研究所育成。早中熟杂交一代品种。植株长势较强、半开展，始花节位 7~8 节，分枝能力强，挂果多。果实长羊角形，果面光滑，光泽好，青熟果绿色，老熟果鲜红色，果长 20 厘米，果肩宽 2.5 厘米，肉厚 0.23 厘米，平均单果重 38 克，味微辣，品质极佳。抗病毒病和炭疽病。适合保护地栽培。

（11）福湘锦秀。湖南省蔬菜研究所育成。中熟杂交一代品种。始花节位 10~11 节，植株较紧簇，株高 75 厘米，株幅 60 厘米，分枝能力较强。果实粗牛角形，青熟果绿色，老熟果鲜红色，果面光滑，果长 20 厘米，果肩宽 5 厘米，肉厚 0.5 厘米；单果重 150 克。抗病能力强。

（12）福湘探春。湖南省蔬菜研究所育成。早熟杂交一代品种。始花节位 8~9 节，植株半开张，分枝能力较强，坐果多。果实粗牛角形，浅绿色，果面微皱，果长 15 厘米，果肩宽 5 厘米，肉厚 0.35 厘米，单果重 60 克。抗病能力强，较耐寒。适合保护地栽培。

（13）福湘 1 号。湖南省蔬菜研究所育成。极早熟杂交一代品种。株型半开展，连续坐果能力强。果实粗牛角形，青熟果浅绿色，老熟果鲜红色，红果长时间不变软，果面光滑，果长 14 厘米，果肩宽 5 厘米，果肉厚 0.35 厘米，单果重 80 克。抗病能力强。适合春季保护地栽培。

（14）兴蔬 205。湖南省蔬菜研究所育成。早熟杂交一代品种。果长 20 厘米，果肩宽 3.5 厘米，肉厚 0.35 厘米，单果重 50 克左右，长牛角形，黄绿色，辣味适中，质脆，风味佳。抗病，耐寒、耐湿热，耐贮运。

（15）兴蔬 301。湖南省蔬菜研究所育成。早熟杂交一代品种。果实长羊角形，果长 20~22 厘米，果肩宽 1.6 厘米，肉厚 0.2 厘米，单果重 25 克。青熟果黄绿色，老熟果红色，辣味适中，风味佳。抗病，耐寒、结果集中，丰产性好。

（16）湘研 812。湖南湘研种业有限公司育成。特早熟浅绿色牛角椒杂交种。植株长势较强，果实粗牛角形，果长 20~21 厘米，果肩宽 6.0 厘米左右，单果重 70 克左右，果皮薄、质脆，果实粗大，商品椒浅绿色，光泽度好，果表有纵棱及大牛角斑，微辣，坐果集中，果实生长速度快，丰产性好，适应性广。适合早春大棚或小拱棚早熟栽培。

（17）湘研青翠。湖南湘研种业有限公司育成。早熟青皮牛角椒杂交种。生长势强，果实长牛角形，果长 23 厘米，果宽 3.1 厘米，单果重 60 克左右，果实膨果速度快，果色深绿色，外形美观，肉软质脆，辣味适中，结果能力强，挂果集中，前期产量高，前后期果实一致性好。抗性强，耐贮运。适合消费早熟微辣地区做早熟丰产栽培。

（18）京辣 2 号。北京市农林科学院蔬菜研究中心育成。干鲜两用辣椒品种，中早熟，植株健壮，分枝力强，始花节位 8~9 节，辣味强，果实圆羊角形，果长 16 厘米，果肩宽 1.8 厘米，鲜果重 20 克左右，干椒单果重 2.0~2.5 克，嫩果色深绿色，成熟果鲜红色，干椒暗红色，光亮，高油脂，辣椒红素含量高。持续坐果能力强，单株坐果可达 80 个，高抗病毒病和青枯病，抗疫病，是绿椒、红椒和加工干椒多用品种。全国露地和保护地均可种植。

（19）国福 308。北京市农林科学院蔬菜研究中心育成。杂交一代品种。生长势强，株型紧凑，耐低温弱光，连续坐果能力强。果实牛角形，青熟果黄绿色，老熟果红色，近果柄处略有折皱，果面光亮，果长 30 厘米，果肩宽 5.0 厘米，单果重 140 克左右，辣味适中，品质佳，耐贮运。经苗期接种鉴定，抗烟草花叶病毒（TMV），中抗黄瓜花叶病毒（CMV）。适合设施长季节栽培。

（20）状元红。河南开封市辣椒研究所育成。中早熟杂交一代品种。株型紧凑，坐果集中，果长 17 厘米，果肩宽 5 厘米，辣味中等，耐热、抗病性强。适宜早春和秋季保护地栽培。

（21）汴椒极早。河南开封市辣椒研究所育成。极早熟杂交一代品种。植株生长健壮，坐果多，产量高。果长 17 厘米，果肩宽 4~5 厘米。青果浅绿色，光亮，红果鲜艳。大果，果实膨大速度快，皮薄微皱，微辣，口感脆。适合保护地栽培。

（22）杭椒 1 号。俗称杭椒。早熟，果实羊角形，果长 13 厘米左右，果肩宽约 1.4 厘米，平均单果重 10 克。青熟果淡绿色、老熟果红色。果实微辣，果面较光滑，果顶渐尖，稍弯。适合保护地栽培。

（23）洛椒4号。河南省洛阳市郊区辣椒研究所选育。株高50~60厘米，开展度60厘米，生长势强。早熟，果牛角形、青绿色，果长16~18厘米，果肩宽4~5厘米。味微辣，风味好，单果重60~80克，最大果重120克。前期结果集中，果实生长速度快。高抗病毒病。适于保护地早熟栽培。

（24）沈研18号。沈阳市农业科学院选育。杂交一代品种。果实长灯笼形，果纵径15.0厘米，果横径9.7厘米，果色绿，果面略皱，微辣，单果质量195.0克。适于辽宁、河北、山东、吉林、黑龙江、内蒙古自治区、新疆维吾尔自治区、山西等省露地及保护地栽培。

（25）航椒2号。天水绿鹏农业科技有限公司采用获得国家发明专利的航天育种技术选育而成。早中熟，生长势强。果实长羊形，深绿色，果面皱，果长27厘米，果肩宽2.6厘米，单果重46克，味辣，品质优良，商品性极好。抗病毒病、白粉病、炭疽病、耐疫病、耐低温寡照高湿，适应性广。适合保护地早春、秋冬栽培。

（26）长剑。引自日本。植株生长势旺，分枝能力较强，连续坐果性好，产量高。果长30厘米，果肩宽5厘米，肉厚0.4厘米，单果重约150克。果实长牛角形，顺直光滑，浅绿色，辣味适中，质脆，风味佳。高抗病毒病、耐疫病、耐寒、耐湿热、耐贮运。适合冬春季保护地栽培。

（27）格雷。引自日本。植株生长势强，分枝能力较强，连续坐果性好，产量高。果长约30厘米，果肩宽4.5厘米，肉厚约0.4厘米，单果重约120克。果实长牛角形，黄绿色，辣味适中，质脆，风味佳。抗病，耐寒、耐湿热、耐贮运。适合冬春季保护地栽培。

（28）37-74。引自荷兰。植株生长旺盛，开展度中等。连续坐果性强，耐寒性好，采收期长。果实长羊角形、黄绿色，果条顺直光滑。在正常温度下，长度可达 20~25 厘米，果肩宽 4 厘米左右，单果重 90~120 克，外表光亮，辣味浓，商品性好。抗锈斑病和烟草花叶病毒病。适合秋冬、早春保护地栽培。

（29）先锋辣椒。引自以色列。植株生长旺盛，根深茎粗、当年栽植植株高可达 3~5 米。分枝性强，生长速度快，开花率高，以侧枝结果为主。果实粗羊角形，外表淡绿，有光泽。果长 30 厘米左右，果肩宽 4 厘米，单果重 150~200 克。商品性好，皮薄肉厚，辣味浓，口感爽脆。抗白粉病、病毒病、叶霉病，耐贮、耐运。适合秋延后、春提早保护地栽培。

（30）苏椒长帅。江苏省农业科学院蔬菜研究所育成。植株生长旺盛，开展度中等，侧枝较少，茎秆健壮。连续坐果性强，采收期长。果实长牛角形，青果淡绿色，果条顺直光滑，外表光亮。在正常温度下，果实长度可达 30 厘米，果肩宽 4.5 厘米，肉厚 0.38 厘米，单果重 90~150 克，质脆，商品性好。抗病，耐热，耐贮运。适合秋延后、早春保护地栽培。

（31）苏椒佳帅。江苏省农业科学院蔬菜研究所育成。植株生长势较强，开展度中等，侧枝较少。连续坐果性强，挂果集中。果实粗牛角形，青果淡绿色，果条顺直、光滑，外表光亮。在正常温度下，果实长度可达 22 厘米，果肩宽 5.5 厘米，肉厚 0.4 厘米，单果重 90~120 克，质脆，商品性好。抗病，耐热，耐贮运。适合秋延后保护地栽培。

（二）适宜棚室栽培的甜椒品种

（1）苏椒 13 号。江苏省农业科学院蔬菜研究所育成。早熟杂交一代品种。始花节位 7~8 节。植株生长势较强，叶色深绿色。果实高灯笼形，坐果集中，果面光滑，光泽亮，商品果深绿色，果长 11.5 厘米，果肩宽 7.5 厘米，肉厚 0.49 厘米，3~4 心室，单果重 135 克。青椒味甜，红椒转红速度较快，食用口味佳。田间病害调查抗病毒病及炭疽病，抗逆性较强。适合春季、秋季保护地栽培。

（2）江蔬 5 号。江苏省农业科学院蔬菜研究所育成。早中熟甜椒一代杂交种。植株生长势较强，半开张，始花节位 9~10 节。果实高灯笼形，绿色，果面光滑，果长 8.5 厘米，果肩宽 6.5 厘米，肉厚 0.40 厘米，3~4 心室，单果重 105 克。味甜，品质佳。田间病害调查抗病毒病及炭疽病，抗逆性较强。适合保护地栽培。

（3）中椒 5 号。中国农业科学院蔬菜花卉研究所育成。中早熟杂交一代杂种。株高 55~60 厘米，开展度 42~47 厘米。生长势较强，连续结果性好。果实灯笼形，3~4 个心室，果长 10 厘米，果肩宽 7 厘米，单果重 80~120 克，味甜，品质优良，抗逆性强，有较强的耐热和耐寒性，不易得日灼病，抗烟草花叶病毒，中抗黄瓜花叶病毒。适合保护地、露地栽培。

（4）中椒 105 号。中国农业科学院蔬菜花卉研究所育成。中早熟杂交一代杂种。植株生长势强，连续结果性好，始花节位 9~10 节，定植后 35 天左右开始采收。果实高灯笼形，3~4 心室，果长 10 厘米，果肩宽 7 厘米，单果重 100~120 克。果色浅绿，果面光滑，品质优良，果肉脆甜。抗逆性强，兼具较强的耐热和耐寒性，抗烟草花叶病毒，中抗黄瓜花叶病毒。

（5）中椒 107 号。中国农业科学院蔬菜花卉研究所育成。早熟杂交一代杂种。植株半开张，坐果能力强。定植后 30 天左右开始采收。果实高灯笼形，3~4 个心室，平均单果重 150~200 克。果色绿，果实品质优良，果肉脆甜，果肉厚 0.5 厘米左右。抗烟草花叶病毒，中抗黄瓜花叶病毒。适合棚室保护地栽培。

（6）中椒 108 号。中国农业科学院蔬菜花卉研究所育成。中熟杂交一代杂种。植株生长势中等，果实方灯笼形，果长 11 厘米，果肩宽 9 厘米，肉厚 0.6 厘米，4 心室果比率高，果面光滑，果色绿，单果重 180 克左右。果实商品性好，商品率高，耐贮运，货架期长。抗病毒病，耐疫病。

（7）冀研 6 号。河北省农林科学院经济作物研究所育成。中早熟甜椒杂交种。植株生长势强，较开展，第 11 节左右着生第一花，结果率高。果实灯笼形，果色绿，果面光滑，有光泽，果形美观，果大肉厚（0.5厘米），耐贮运，单果重100克左右，最大单果重达250克，味甜，质脆，商品性好，抗病毒病。适宜早春保护地栽培和露地地膜覆盖栽培。

（8）冀研12号。河北省农林科学院经济作物研究所育成。中早熟甜椒杂交种。植株生长势强，株型较紧凑，株高66厘米，株展60厘米，始花节位9~11节。果实方灯笼形，3~4心室，果大肉厚，果长10~12厘米，果肩宽10~11厘米，肉厚0.65~0.75厘米，单果质量210~340克，果形美观，果面光滑而有光泽，青熟果绿色，成熟果红色。果实味甜质脆，商品性好，耐贮运。抗黄瓜花叶病毒（CMV），耐烟草花叶病毒（TMV）和疫病。

（9）冀研13号。河北省农林科学院经济作物研究所育成。中熟甜椒杂交种。植株生长势强，株型较开展，株高70厘米，株展65厘米，始花节位10~12节。果实灯笼形，3~4心室。果大肉厚，果长11厘米，果肩宽9~10厘米，肉厚0.65厘米，单果质量220~350克。果形美观，果面光滑而有光泽，青熟果深绿色，成熟果红色。果实味甜质脆，商品性好，耐贮运。抗黄瓜花叶病毒（CMV），耐烟草花叶病毒（TMV）和疫病。

（10）京甜1号。北京市农林科学院蔬菜研究中心育成。中早熟甜椒杂交种。果实粗圆锥形，嫩果淡绿色，果表光滑，光泽亮。单果重100克左右，果肉厚、腔小，耐储运。中抗疫病，抗病毒病和青枯病。

（11）京甜2号。北京市农林科学院蔬菜研究中心育成。中熟杂交种。耐低温性较好，果实高灯笼形，嫩果绿色。果长12.5厘米，果肩宽9厘米，单果重160~250克，整个生长季果形保持较好，抗病毒病和青枯病。

（12）国禧105。北京市农林科学院蔬菜研究中心育成。甜椒一代杂交种。早熟，果实灯笼形，连续坐果能力强，青熟果绿色，老熟果红色，果面光亮。果长10厘米，果肩宽9厘米，单果重 200 克左右，耐贮运。经苗期接种鉴定，抗烟草花叶病毒（TMV），中抗黄瓜花叶病毒（CMV）。适合设施保护地栽培。

（13）曼迪。引自荷兰。果实灯笼形，坐果率高，果肉厚，果长 8~10 厘米，果肩宽 9~10 厘米，单果重 200~260 克，3~4 心室。果面光滑，光泽好。青熟果绿色，老熟果红色，商品性好，耐储运，货架期长，抗烟草花叶病毒病。

（14）玛利贝尔（Marriebelle）。引自美国。无限生长型甜椒杂交一代种。中熟、大果。连续坐果性能好，容易坐果。果长 11 厘米，果肩宽 10 厘米，肉厚，单果重 200~350 克。果实外表亮度好，青熟果深绿色，成熟后转亮红色，口感极好，光滑，果肩平滑。产果期长，耐运输，耐贮运，货架期长。抗性好，抗烟草花叶病毒（TMV）、马铃薯 Y 病毒（PVY）。适合露地和大棚栽种。

（15）伊萨贝尔（Isellbelle）。引自美国。无限生长型，甜椒杂交一代种。早熟，连续坐果性能好，容易坐果。果长约 9 厘米，果肩宽 9 厘米，肉厚，单果重 150~300 克，果实外表亮度好，青熟果绿色，成熟后转亮红色，口感极好，光滑，果肩平滑。产果期长，耐运输，耐贮运，货架期长。抗性较好。适合露地和大棚栽种。

（16）红将军。引自荷兰。甜椒杂交一代品种。植株高大，生长开张，分枝少，主茎强壮。耐寒，在温度偏低的条件下亦可生长结果。果实坚硬，果肉把厚，易于保存。成熟果色泽浓而均匀，果实方灯笼形，果长 10~12 厘米，果肩宽 11.2 厘米，单果重 180 克。抗病毒能力强。

（三）适宜棚室栽培的彩椒品种

彩色椒的果色因品种不同而不同，未熟果实一般为绿色，有的品种未熟果实紫色、白色等，成熟果实红色、黄色、橙色、巧克力色等。彩色椒味甜，部分品种微辣或较辣。

（1）苏彩椒 1 号。江苏省农业科学院蔬菜研究所最新育成。早熟，杂交一代品种。植株半开张，分枝能力强，挂果多，始花节位 7~8 节。果实粗长灯笼形，果表微皱，光泽亮，味中辣。果长 10.5 厘米，果肩宽 4.5 厘米，肉厚 0.25 厘米，单果重 45 克左右。青熟果紫色，中间过渡色绿色，老熟果深红色。抗病毒病和炭疽病，抗逆性强。适合春、秋季保护地栽培。

（2）苏彩椒 2 号（苏黄 1 号）。江苏省农业科学院蔬菜研究所育成。早熟杂交一代品种。植株半开张，分枝能力强，结果多。始花节位 6~8 节。果实长灯笼形，果实长 11 厘米，果肩宽 4.5 厘米，肉厚 0.3 厘米，3 心室为主，单果重 60 克，果面微皱，泽亮，中辣，青熟果浅绿色，老熟果金黄色，商品性好，风味佳。高抗病毒病和炭疽病，抗逆性强。适合春、秋季保护地栽培。

（3）苏彩椒 3 号（苏紫 4 号）。江苏省农业科学院蔬菜研究所育成。中熟杂交一代品种。植株长势较强，株高 65 厘米，开展度 60 厘米左右，叶片绿色，始花节位 8~9 节。果实粗牛角形，果实成熟期较早。果长 20 厘米，果肩宽 5 厘米，肉厚 0.45 厘米，单果重 90 克，味微辣，青熟果浅紫色，老熟果深红色，果面光滑，光泽亮，果形圆整，商品性好。抗病毒病和炭疽病，抗逆性强。适合春、秋季保护地栽培。

（4）黄星 2 号。北京市农林科学院蔬菜研究中心育成。中熟甜椒杂交一代种。植株生长健壮，始花节位 11~12 节。果实方灯笼形，成熟时果实由绿转黄，含糖量高，耐贮运，单果重 160~270 克。抗病毒病和青枯病，耐疫病。适合保护地栽培。

（5）白星 2 号。北京市农林科学院蔬菜研究中心育成。中熟甜椒杂交种。植株生长健壮，始花节位 10~11 节。果实高灯笼形，持续坐果能力强。商品果为白色，成熟时转为亮黄色，单果重 150~240 克，果面光滑，耐贮运。抗病毒病和青枯病。适合保护地栽培。

（6）巧克力甜椒。北京市农林科学院蔬菜研究中心育成。早中熟，长势较弱，分枝性较好。果实灯笼形，3~4 心室，果面光滑，成熟时果实由绿色转成巧克力色，单果重 150~200 克，持续坐果能力强，抗病毒病和青枯病。适合保护地栽培。

（7）海杂5号。北京市海淀区植物组织培养技术实验室育成。早熟甜椒一代杂种。植株生长势强。果实圆锥形，连续坐果能力好，果面光滑有光泽。商品果乳白色，成熟时鲜红色。适合日光温室、塑料大、中棚保护地栽培。

（8）橙水晶。北京市农业技术推广站中熟甜椒杂交种。果实方灯笼形，果长8~10厘米，果肩宽8~10厘米，果肉较厚，单果重150~200克。商品果绿色，成熟时转为橙黄色。适合日光温室、塑料大、中棚保护地栽培。

（9）黄欧宝。引自荷兰。早中熟甜椒一代杂交种。果实高灯笼形，果长9~11厘米，果肩宽8~10厘米，果肉较厚，单果重160~180克，在冷凉条件下坐果良好，成熟时颜色由绿色转为黄色。适合露地和保护地栽培。

（10）黄太极。引自荷兰。中熟甜椒杂交一代品种。果实高灯笼形，果长15厘米，果肩宽8~9厘米，果肉较厚，单果重200克，成熟时果色由绿色转为黄色，果面光滑。抗病毒病能力强。适合保护地栽培。

（11）白公主。引自荷兰。早熟甜椒杂交一代品种。果实高灯笼形，果长10厘米，果肩宽10厘米，果肉较厚。植株长势中等，株型较紧凑，坐果率较高。始花节位11~12节，成熟果蜡白色，老熟果转为亮黄色，果面光滑，光泽亮丽，外观优美，单果重150~180克。适合棚室保护地栽培。

（12）橘西亚。引自荷兰。早熟甜椒杂交一代品种。植株生长旺盛，坐果能力强，果实方灯笼形。成熟时由亮绿色转为橘黄色，果长10~12厘米，果肩宽10~12厘米，多为4心室，单果重180~200克。抗病能力强。适宜保护地和露地栽培。

（13）紫贵人。引自荷兰。早熟甜椒杂交一代品种。株型较小，长势中等，果实高灯笼形，坐果后果实转为紫色，老熟果深红色，果长10厘米，果肩宽7.8厘米，单果重140~150克，果肉厚，果面光滑，光泽亮丽，外观优美，口感甘甜。适合棚室保护地栽培。

（14）佐罗。引自荷兰。早熟甜椒杂交一代品种。株高80厘米，株幅70厘米，始花节位10~12节。果实高灯笼形，坐果能力强，幼果及青熟果深紫色，过渡色为绿色，老熟果深红色。果面光滑、有光泽，单果重160~200克，3~4心室，含糖量高，口感好，品质佳，抗病能力强。适合棚室保护地栽培。

（15）金狮。引自荷兰。甜椒杂交一代品种。株高100厘米，株幅80厘米，始花节位12~14节，果实方灯笼形，表面光滑有光泽，幼果绿色，青熟果及老熟果橙红色，中间过渡色为黄色，平均单果重160克，中熟，长势旺，抗性强。

（16）GVS 43362。引自美国。中早熟甜椒一代杂交种。植株生长势强，果实灯笼形，青熟果绿色，成熟后转亮红色，口感极好，味甜，光滑，果肩平滑，一般4心室。抗烟草花叶病毒（TMV）、马铃薯Y病毒（PVY）。

（17）GVS 3002。引自美国。中熟甜椒一代杂交种。植株长势中等，果实长灯笼形，果长10厘米，果肩宽9厘米，果肉厚，3~4心室。青熟果绿色，老熟果黄色。抗烟草花叶病毒（TMV）、马铃薯Y病毒（PVY）。

（18）黄力士。引自美国。甜椒一代杂交种，中晚熟。果实方灯笼形，幼果绿色，成熟果黄色，3~4个心室，果肉厚，果皮光滑光亮，单果重400~450克，抗病，品质好，耐储运。

（19）格丽。引自荷兰。甜椒杂交一代品种。株高84厘米，株幅62厘米，始花节位11节，果实方灯笼形，幼果绿色，青熟果橙黄色，老熟果红色，果面光滑，有光泽，单果重150克，中熟，抗烟草花叶病毒。

（20）萨菲罗。引自荷兰。甜椒一代杂种。植株长势较强，开展度中等，节间较短。果实长灯笼形，果长12~14厘米，果肩宽8~10厘米，果单果重200~280克，青熟果绿色，老熟果鲜红色，外表光亮，抗烟草花叶病毒。耐低温能力强，适应性强。适合棚室保护地栽培。

(21) 阿瑞纳。引自荷兰。中早熟甜椒一代杂种。株高 80 厘米，株幅 85 厘米，始花节位 12~13 节。果实方灯笼形，幼果绿色，老熟果橙黄色，果面光滑，有光泽，单果重 200 克，长势旺，果实发育速度快，抗烟草花叶病毒。

(22) 印尼亚。引自荷兰。早熟甜椒一代杂种。株高 80 厘米，株幅 75 厘米，始花节位 11~12 节。果实灯笼形，幼果绿色，老熟果金黄色，果面光滑，有光泽，单果重 230 克，长势强，抗烟草花叶病毒。

(23) 卡的拉。引自荷兰。中熟甜椒一代杂种。株高 85 厘米，株幅 70 厘米，始花节位 11~13 节，果实方灯笼形，幼果绿色，老熟果金黄色，果形美观有光泽，单果重 250 克，长势强，抗马铃薯病毒和烟草花叶病毒。

(24) HA-831 甜椒。引自以色列。中熟甜椒一代杂交种。植株生长势强，开展度较大。果实长灯笼形，生长速度快，青熟果绿色，老熟果金黄色。果长 15~18 厘米，果肩宽 8~9 厘米，平均单果重 200 克，最大果重可达 500 克。果实表面光亮，商品性好，耐储运，货架期长，产量高。抗烟草花叶病毒病。适应于越冬、早春大棚和日光温室栽培。

(25) 塔兰多。引自荷兰。早熟甜椒一代杂交种。植株生长势强，开展度较大，节间短。果实灯笼形，生长速度快，青熟果表绿色，老熟果深黄色。果长 10~12 厘米，果肩宽 9~10 厘米，平均单果重 250~300 克，最大果重可达 400 克。果实表面光亮，商品性好，耐储运。抗烟草花叶病毒病。适应于越冬、早春大棚和日光温室栽培。

(26) 太空黄金椒。果实长灯笼形，果实由浅黄色转为橘黄色，成熟果大红色。3~4 心室，单果重 200 克。味甜，果肉厚，果表光滑，品质好，耐储运。

(27) 太空 T100。郑州太空种苗开发部与中国空间技术研究院培育。中熟。始花节位 10~14 节。植株健壮，生长势强，连续坐果性好，膨果速度快，果实长 13 厘米，果肩宽 10 厘米，肉厚 0.6 厘米，3~4 心室，单果重 200~250 克。商品果绿色，老熟果红色，果面光滑，光泽亮，耐储运，抗病性强。

第三节　辣椒栽培技术

俗话说，"苗好五成收"，由此可见培育壮苗在蔬菜生产上的重要性。培育适龄壮苗，是辣椒丰产、稳产的基础，不仅有利于早熟，达到早上市的目的，而且能促进辣椒发棵、健康生长，减轻辣椒病害发生。培育壮苗还能提高土地利用率，节省劳力，降低生产成本，提高辣椒种植效益。

一、育苗床准备

（一）苗床地址选择

苗床最好搭建在栽培棚、日光温室或附近田块，以便运输秧苗，减轻运输过程中幼苗失水萎蔫、叶片碰落、伤害根系。

苗床地块要求干净整洁、土质肥沃、背风向阳、光照充足、排灌方便、不易积水。在光照不足、湿度较大又通风不良的地块育苗，秧苗容易徒长，甚至形成"高脚苗"，也容易发生猝倒病等病害。

（二）苗床大小

苗床宽度一般为成年人两个手臂长之和，1.2~1.5 米。苗床过宽既不方便工作人员在育苗畦操作，也不利畦面通风；苗床过窄，地块较多，设施用量也相应增加，增加了育苗成本，苗床管理也较为费工。一般 6 米宽大棚作 2 条育苗畦，8 米宽大棚作 3 条育苗畦（图 3-1）。温室视其长度而定，可以作成多条育苗畦（图 3-2）。

播种床与分苗床的面积搭配要合理。一般辣椒分苗床小苗密度为 100~150 株/平方米，播种床的播种量为 6~8 克/平方米，可出苗 1 000 株左右。由此推算，播种床与分苗床的面积 1:（6~10）为宜。

图 3-1　大棚苗床设置　　　　图 3-2　温室苗床设置

二、育苗方式与育苗装备

（一）育苗方式

根据育苗季节选择合理的育苗方式。一般辣椒冬季育苗通常在大棚或温室内进行，采用多层覆盖保温防冻；早春育苗可选择风障阳畦育苗或小拱棚加盖草苫育苗，还可选用电热温床育苗；秋季育苗处于高温多雨季节，通常利用遮阳避雨法育苗，即撤掉大棚围裙，棚顶覆盖遮阳网，大棚下部四周围上防虫网。

育苗方式有冷床育苗、温床育苗、遮阳育苗、小棚育苗、大棚育苗、连栋大棚或温室工厂化育苗等。

（1）冷床育苗。冷床又叫阳畦，由畦框、玻璃盖（或薄膜）、草帘三部分组成。利用白天太阳能增温，晚上用覆盖材料保温，属于天然节能型育苗，适于小面积生产。要求地块背风向阳、地势高燥、排水良好、接近水源、交通便利、管理方便。冷床应坐北朝南或偏东南 $10°\sim15°$，以利增加光照，提高床温。床框结构可用水泥与红砖砌成，也可用泥草筑成，一般北框高 50 厘米，南框高 15 厘米，呈斜坡状。

用于冷床的覆盖物有草帘（毡）、塑料膜、无纺布（被）、油纸、玻璃、芦席等。冷床育苗无补光和增温设施，床内空气容积小，昼夜温差大，前沿苗子往往比后部小。为防止幼苗受到冷害或徒长，需要通过揭盖草苫进行增光增温。晴天 9 时揭开草苫，16时覆盖草苫，中午短时间通风透气，并采用肥水促控，促进生长。其缺点是幼苗易受冷害，前沿秧苗较小，日历苗龄较长。

（2）温床育苗。温床除具备保温设施外，还要有加温设施，主要包括酿热温床和电热温床。随着反季节栽培的推广和科技水平的提高，电热线育苗日益兴起。电热线育苗是利用电流通过导线，使电能转化为热能加温的育苗方法。它具有土温上升快而稳定、增温效果好、苗龄短、幼苗大小一致、苗体健壮等优点。电热线育苗多与大棚、温室等育苗设施相结合，电热温床设置在大棚和日光温室内。

电热线的间距和长度影响床温，其长度的确定根据温床使用季节、每平方米采用的功率、加温面积的大小、电热线的规格、使用电源等条件设定。一般每平方米的功率宜选100瓦左右。依据选定的功率进一步计算出电热线的总长度和布线间距。电热线的布线间距可以采用下列公式求得：

每根电热线可加温面积=电热线额定功率（瓦/根）/电热温床选定功率（瓦/平方米）

电热线根数（取整数）=电热温床面积（平方米）/每根电热线可加温面积（平方米）

电热温线布线行数（取整数）=［电热线总长度（平方米）-温床宽度（平方米）］/温床长度（米）

平均布线间距=温床宽度（米）/［布线行数（根）-1］

由于温床边缘散热快，布线时应该把边行的电热线间距适当缩小，而温床中部温度均匀，热量不易散失，布线间距适当稀疏，但平均间距保持不变。布线时，床面先要整平，在苗床两端距床壁5厘米处，按确定的间距插入小木棍，木棍长7~8厘米，粗1厘米左右，露出地面1.5厘米。然后从苗床电源一端开始，将电热线一头固定在木棍上，把线拉到苗床另一端，绕过两根木棍后再拉回来，经过多次往返，直到布完整条苗床（图3-3）。电热线不能剪断，不能重叠、交叉或打结。布线结束，检查线路是否畅通，然后撒细干土覆盖温床，以看不见电热线为准，排布穴盘待用（图3-4）。

温控仪

图3-3　电热线布置　　　图3-4　电热线上铺设基质穴盘

（3）遮阳育苗。遮阳育苗主要用于大棚和日光温室辣椒秋延后栽培。一般利用春茬的大（中）棚，上部加盖一层遮阳网、通过揭盖遮阳网和农膜来培育幼苗。可防止强光、高温、暴雨、台风等恶劣天气对秋季育苗的影响，避免高温强光诱发病毒病。

由于遮阳育苗缺乏紫外线照射，加上苗床湿度较高，幼苗容易发生徒长。因此，要严格控制好苗床的湿度，防止土壤湿度长时间偏高；遮阳网的遮光率要适中，遮光率不能超过40%；苗床内苗子密度要适中，不能相互拥挤；对于徒长苗，采用化控措施，叶面喷施适宜浓度的矮壮素，减缓生长。

（4）小棚育苗。跨度在3米以下、高度1.0~1.5米的塑料棚叫塑料小棚。其显著特点是棚顶矮，人不能站立作业。塑料小棚多是利用毛竹片、细竹竿等做成拱圆型的骨架，上盖塑料薄膜。辣椒育苗时，将薄膜一边用土压实，以利保温防风；另一边用砖块压好，以便随时揭盖，通风换气。小拱棚育苗优点是成本低，棚内光照条件较好，昼夜温差大，有利于培育壮苗。但是，小拱棚内空间小，保温能力差，环境分布差异较大，容易出现两边与中间幼苗不一致的情况，育苗期相对较长，主要用于早春季节育苗或移植辣椒苗。小面积种植辣椒，可在自家门口搭建小拱棚培育少量苗子，也便于管理。

小棚内幼苗整齐生长的措施：选用采光好的地方搭建苗床；选用透光率高的农膜覆盖；苗床宽度要适宜；育苗土配方合理；合理浇水、适时补水，以水控温；加强床内温湿度管理，多层覆盖保温，适时放风换气，防倒苗。

（5）大棚育苗。冬春季辣椒育苗多在塑料大棚内进行。在大棚内架设塑料小拱棚，小拱棚内铺设电热线。塑料大棚空间大，升温快，光照强，幼苗大小一致性好，素质高。作为育苗设施比冷床、温床和塑料小棚育苗管理方便，效果好。

（6）连栋大棚工厂化育苗。工厂化育苗是在人为创造的最佳环境条件下，采用科学化、机械化、自动化等技术措施和手段，进行批量生产优质秧苗的一种先进生产方式。工厂化育苗技术与传统的育苗方式相比，其优点是用种量减少，育苗周期短，土地利用率高；采用有机营养基质，使用安全，减少土传病害，避免破坏土壤生态；适于机械化操作，省工省力，实现规模生产；棚内空间大，蓄热量大，低温阶段的保温性好；可人为控制环境，不受外界条件干扰，病虫害轻，易于培育适龄壮苗，且成功率高等。

（二）育苗容器

用于辣椒育苗的容器较多，主要有以下几种（图3-5）。

塑料营养钵　　　塑料桶　　　育苗穴盘

图3-5 各种播种容器

（1）塑料营养钵。塑料营养钵形状似水杯，下窄上宽，杯底部有露水孔。颜色一般分为黑色和白色两种，大小不等。塑料钵不易破碎，便于搬运，可连续使用2~3次，使用寿命较长，护根的效果好。

设施辣椒冬春季育苗，通常选用10厘米×10厘米黑色塑料钵分苗。该规格塑料钵容量大，适合培育适龄显蕾大苗。

（2）塑料筒。利用白色塑料薄膜自制而成的长筒状育苗钵。市场销售的塑料筒钵通常为成盘的塑料管带。使用时可根据需要的长度剪断，装填营养土后，直立在地上轻蹲几下，使土沉实，切成8~10厘米长的塑料育苗筒。钵壁较薄，容易老化破损，不适合搬运，使用时间短，一般只能使用一次。

（3）纸杯。普通白纸一张，先对折，然后找个药瓶卷成纸筒，用胶水粘好边，然后把底部折进去兜住土，就做成了一个小纸杯。避免使用油墨纸，因为油墨可能含铅。

（4）穴盘。标准穴盘的尺寸为54厘米×28厘米。穴盘越小，穴盘苗对土壤中的湿度、养分、氧气、pH值、EC值的变化就越敏感。穴孔越深，基质中的空气就越多，有利于透气、生根、淋洗盐分以及根系生长。基质至少要有5厘米的深度才会有重力作用，使基质中的水分渗下。空气进入穴盘孔径越深，含氧量就越多。穴盘孔径形状以四方倒梯形为宜，这样有利于辣椒根系向下伸展，而不是像圆形或侧面垂直的穴孔中那样根系在内壁缠绕。较深的穴孔缓冲能力强，为基质排水和透气提供了更有利的条件。

有些穴盘在穴孔之间还有通风孔，空气可以在植株之间流动，使叶片干爽，干燥均匀，减少病虫害，保证整盘植株长势均匀一致。

穴盘的颜色也影响辣椒植株根部的温度。一般冬春季选择黑色穴盘，因为它可以吸收更多的太阳能，加快根系温度上升，优化了根系周围的小环境，对小苗根系发育有利。夏季或初秋要改为银灰色的穴盘，反射较多的光线，避免根部温度过高。白色穴盘的透光率相对较高，会影响辣椒根系生长，所以辣椒育苗中很少选择白色穴盘。

经过彻底清洗并消毒的穴盘，也可以重复使用，推荐使用较为安全的季铵盐类消毒剂，也可以用于灌溉系统杀菌除藻，避免其中细菌和青苔滋生。不建议用漂白粉或氯气进行消毒，因为氯会与穴盘中的塑料发生化学反应产生有毒物质。

冬春季辣椒育苗通常选用规格为 5 厘米（育苗穴长度）×5 厘米（育苗穴宽度）×4.5 厘米（育苗穴深度）的 50 孔或 72 孔黑色穴盘。企业冬春季商品化培植辣椒苗可以选用 128 孔穴盘。也有选择 288 孔穴盘先育小苗，再用大孔径穴盘或其他容器分苗。

（三）育苗基质

好的基质应该具备以下几个特点：理想的水分容量和空气容量；良好的排水性能；容易再湿润；良好的孔隙度和均匀的空隙分布；稳定的维管束结构，少粉尘；pH 值 5.5~6.5；含有适当的养分，能够保证子叶展开前对养分的需求；极低的盐分水平，EC 小于 0.7（1∶2 稀释法）；基质颗粒的大小均匀一致；无植物病虫害和杂草；每一批基质的质量保持一致。

由于颗粒较小的蛭石作用是增加基质的保水力而不是孔隙度。要增加泥炭基质的排水性和透气性，选择加入珍珠岩而不是蛭石。相反，如果要增加持水力，可以加入一定量的小颗粒蛭石。

基质在填充前要充分润湿，一般以 70% 为宜。判定方法如下。

用手握一把基质，没有水分挤出，松开手会成团，但轻轻触碰，基质会散开。如果太干，浇水后基质会塌沉，造成透气不良、根系发育差。将准备好的基质填满穴盘，用板条刮平、叠起，向下轻轻按压，压出深度为 0.8~1.0 厘米的播种穴，然后铺放到播种床。1.2 米宽床面铺放两排穴盘，总宽度 1.08 米，长度根据育苗需要的穴盘总数确定（图 3-6）。每立方米育苗基质，可分装 72 孔穴盘 200 盘，培育辣椒苗 1.44 万株。

每个穴孔内基质填充要均匀，否则基质量较少的穴孔，干

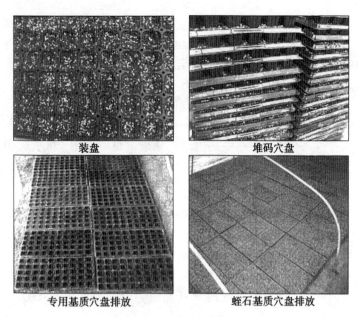

装盘　　　　　　　　　　　堆码穴盘

专用基质穴盘排放　　　　　蛭石基质穴盘排放

图3-6　基质装填与排列

燥速度比较快，从而使水分管理不均衡，造成秧苗大小不均匀。

堆码穴盘，避免过度挤压基质，否则会影响基质的透气性和干燥速度，而且由于基质压得过紧，播种后种子会反弹，导致种子最终发芽时深浅不一，出现"戴帽"苗和大小苗。

三、种子处理

（一）晒种

将辣椒种子放在太阳下晾晒。阳光中的紫外线可以杀死种子表面部分病菌，减少苗期病害。要避免把种子置于水泥地上暴晒，以免伤胚或烫伤种子；晒种时间不宜过长，一般晾晒一个晴天即可；种子放在纱网或布上晾晒；注意防风。

（二）消毒处理

国外引进的精包装辣椒种子多数已经过清洗、消毒、药剂拌种，甚至还加入微量元素等成分制成丸粒化，便于机械播种。这些种子一般可以直接播种。国内辣椒种子多数仅仅经过筛选、包装，未经消毒，种子带菌是病害传播的一个重要途径，所以需要利用热力烫死或药物杀死附着在种子表面和潜伏在种子内部的病菌。目前，生产上常用的药液有 40% 福尔马林 100 倍溶液、2% 氢氧化钠溶液、10% 磷酸三钠溶液、1% 高锰酸钾溶液和 1% 硫酸铜溶液。

防治辣椒病毒病的有效药液为磷酸三钠溶液。先将种子用清水浸泡 4~6 小时，然后捞起来放在 10% 磷酸三钠溶液中浸 20~30 分钟捞出，清水洗清，最少要洗 3 遍，然后进行催芽。

（三）热水烫种

将种子装入纱布袋中，只装半袋，以便搅动种子。首先将种子放入常温水中浸泡 15 分钟，然后放入 55~60℃ 热水中浸 10~15 分钟，再进行温水浸种（图 3-7）。热水烫种要严格掌握水温与时间，使用温度计测定水温。种子浸在热水中，水温会很快下降，要及时补充一些热水，使水温回到所需的温度。热水不能直接冲到种子上，以免烫伤种子。为使全部种子受热均匀，可用木棒经常搅动。

（四）浸种催芽

将辣椒种子浸入清洁的水中，使其短时间内吸水膨胀。反复洗净黏附在种子上的黏稠物，转入 25~30℃ 温水中浸泡 8~12 小时。用纱布包裹或置入育苗盘内放入恒温箱等温暖地方催芽，催芽适宜温度为 28~30℃。每日用温水淘洗 1~2 次，5~6 天后，待 50%~60% 种子露白时即可播种。

四、营养土

（一）播种床营养土配制

考虑到幼苗在播种床的时间较短，对养分的需求相对较少，所以播种床营养土一般选用烤晒过筛的园土、充分腐熟的有机

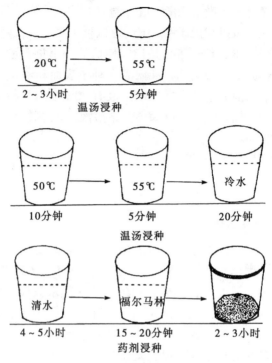

图 3-7 种子处理

肥与草木灰或炭化砻糠，按照合理的比率充分混合拌均制成。

菜园土是配制培养土的主要成分，一般占 60% ~ 70%。但菜园土可传染病虫害，如猝倒病、立枯病、早疫病、炭疽病、根际线虫、其他虫卵等，所以选用菜园土时一般不使用种过茄果类蔬菜的土壤，以种过豆类、葱蒜类蔬菜的土壤为好。选用其他园土时，一定要铲除表土，掘取心土。园土最好在 7—8 月高温时掘取，经充分烤晒后打碎、过筛，筛好的园土使用薄膜覆盖，保持干燥状态备用。无公害育苗要求不能用菜园土调制，应使用大田土。

有机肥料根据各地不同情况因材而用，可以是猪类渣、人粪尿、垃圾、河泥、塘泥、厩肥等，其含量应占培养土 20% ~

25%。所有有机肥必须经过充分腐熟后才可用。因为未腐熟的有机肥中含有大量的病原菌和虫卵，对幼苗会有危害；同时未腐熟的有机肥在土壤中发酵会产生较多的热量，易烧伤幼苗的根系，释放的氨气也会产生危害。

草木灰不仅含有钾，还能疏松土壤，吸收更多的热量，有利于提高土温。如果淋雨，会流失肥分，降低肥效，所以应当干施。其含量可占培养土的10%~15%。

（二）分苗床营养土配制

幼苗分苗后在苗床的时间较长，可兼顾其对养分的需求来培育壮苗，宜选用未种过茄果类蔬菜、理化性质优良的园土50%~55%，与充分腐熟的优质畜粪肥30%、草木灰15%~20%充分混合拌匀。

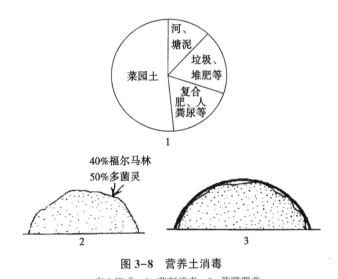

图3-8　营养土消毒

1. 床土组成；2. 药剂消毒；3. 薄膜覆盖

营养土中还要加入占营养土总重2%~3%的过磷酸钙，增加钙和磷的含量。营养土中不宜掺加未经腐熟的畜肥、饼肥以及氯化铵、碳酸氢铵、尿素等铵肥。营养土必须事先经过消毒处理才可使用。消毒方法是 1 000 千克营养土利用 40% 福尔马林 200~300 毫升，对水 25~30 千克喷洒，加入多菌灵粉剂充分翻动，覆盖薄膜 5~7 天，或者在苗床直接喷洒该药液，盖实地膜（图 3-8），闷土 5~7 天，然后敞开透气 2~3 天，再将营养土铺于育苗畦面，待播种。

五、播种

辣椒生产是从播种开始的，播种后种子能否迅速发芽，达到早出苗、出全苗和育壮苗的效果，关系到能否为辣椒丰产打下良好的基础。

因为撒播辣椒小苗长出 2 片真叶 1 片心叶时需要及时分苗移栽，所以播种床营养土铺设以 7~8 厘米厚为宜，不需要过厚，每平方米苗床需要营养土 80~100 千克。撒播对播种技术要求较高，不容易做到均匀播种，可以将种子与细干土拌匀后撒播。若使用自己配制的穴盘用营养基质播种，则装平孔穴即可。播种前要浇足播种床或播种容器，如穴盘基质、营养钵土的底水。苗床浇水宜轻，最好用喷壶洒水，不能用大水猛冲土壤或基质，以防止基质溢出、不匀或板结。底水量以湿透营养土或基质为度。

人工撒播每平方米苗床播种优质辣椒良种 6~8 克，发芽势差的品种最好不用撒播；不用钵体或穴盘直接点播，最好先做一次发芽势试验，发芽势高的品种每孔（钵）点播 1 粒种子。点播优点在于播种均匀，出苗时间相对一致，便于苗床管理，但点播比较费工费时，孔间的深度也不容易保持一致。

播种后覆盖营养土或基质，填满播种穴，刮平，覆土厚度 1 厘米。再覆盖地膜等覆盖物，搭建小拱棚，加盖草帘或保温被保温保湿（图 3-9）。生产单位利用穴盘进行大规模育苗，还可以采用精量播种机机械播种（图 3-10）。

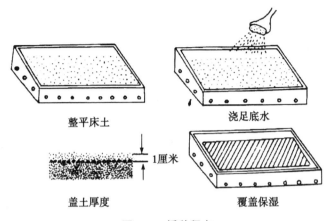

整平床土　　　　　　浇足底水

1厘米

盖土厚度　　　　　　覆盖保湿

图 3-9　播种程序

拌料机　　　　　　　精量播种机

专用基质穴盘育苗　　集约化穴盘育苗

图 3-10　集约化育苗

六、苗期管理

(一)温度管理

出苗前,控制大棚和日光温室内温度 28~30℃。干燥种子直播 6 天后及时检查,当 60% 以上种子出土时,及时揭去地膜,以免出现烧芽或者形成高脚苗。出齐苗后,可适当降低设施内温度,以白天 25~28℃、夜间 18~20℃ 为宜。白天设施内气温超过 28℃ 时,在大棚的背风处和日光温室顶端通风口适当通风换气;当温度降到 28℃ 时,留小风口换气;当温度降到 20℃ 左右时,关闭所有通风口。黄淮海及其以北地区冬春季育苗经常会遇到连阴雨、雪天气,夜晚温室内一般采用煤火炉加温,所以既要掌握好加温的时间段,又要防止煤炭燃烧不充分,一氧化碳逸散到棚室内造成辣椒小苗和人员中毒。辣椒的花芽分化随温度的升高而加快,同一个品种秋季育苗比冬春季育苗的始花节位要低 1~2 个节位,所以冬春季幼苗阶段保证苗床较高的温度有助于生长,达到早现蕾、早定植的目的。

(二)光照管理

冬春季育苗出苗后,为了保温,除了大棚外,还需要采取小棚加草帘的多层覆盖措施。棚膜和草帘必须使用崭新的。因为一年之中冬春季温光条件最差,这使得幼苗接受的光照偏少且光线较弱。为了改善育苗棚内苗床光照条件,增加幼苗素质,在保证幼苗不受冷害的前提下,白天尽量揭除大棚内的覆盖物,尤其小拱棚表面的草帘,延长其受光时间。揭盖时间根据天气好坏决定。长期连阴雨则需要补光。这些措施都有利于培育辣椒壮苗,促进花芽分化。

(三)肥水管理

根据育苗基质持水能力以及外界气候条件调整浇水量。基质表土见白时及时浇水,做到设施内凉水预热浇。连续低温阴雨天气一般不浇水;若基质过干,可在中午喷小水,湿透表层土即可，保持床土不干不湿状态。严禁阴雨天来临前浇苗床水。选择雾化效果好的浇水工具以保证浇水均匀一致，否则会引起幼苗生长不一致，出现大小苗。

低温阶段如果出现苗床湿度过大，或者在采取通风降湿效果不佳的情况下，可以向畦面撒施细干土，吸收畦内多余的水分，降低地面湿度，预防猝倒病发生。撒土后，用细竹竿或扫帚轻轻触动叶片，抖落掉在叶面和叶腋上的细土。

冬春季育苗由于苗龄时间较长，基质本身营养一般只能满足幼苗前期生长的需要。基质后期营养明显缺乏，往往导致幼苗生长动力不足，生长减慢，叶片颜色变淡，逐渐发黄，此时需要选择晴天追施充分腐熟稀粪水，或选用0.2%磷酸二氢钾溶液进行叶面追肥，满足幼苗生长对养分的需要，保证幼苗稳定生长。

（四）定植前炼苗

定植前5~7天开始炼苗。炼苗期间逐日增大通风量，不浇水或少浇水，保持苗床半干半湿或多干少湿状态。夜温逐渐降到8~10℃，日温控制在18~20℃。低温炼苗降温要逐步实施，不可一次到位。

定植前2~3天，选用多菌灵或甲基托布津1 500倍液与0.2%硫酸锌溶液喷雾，苗床冲施敌克松，增强幼苗抗病性，防止疫病、病毒病等病害的发生。

（五）苗龄和壮苗标准

辣椒冬春季电热线加温育苗苗龄控制在45~55天，冷床育苗苗龄一般要105~110天；秋季育苗苗龄则控制在28~35天。

壮苗指标：幼苗具6~8片真叶，第一朵花显蕾；茎秆粗壮，节间短；叶片大而肥厚，叶色深绿；根系发达，侧根多而粗壮，根系将基质紧紧缠绕，形成完整根坨；无损伤，无病虫害；大小均匀一致（图3-11）。

图 3-11　壮苗

第四章　番　茄

番茄（拉丁文名：*Lycopersicon esculentum* Mill.），俗名西红柿，原产南美洲，中国南北方广泛栽培。番茄的果实含有丰富的维生素、矿物质、碳水化合物、有机酸及少量的蛋白质，可以生食、煮食、加工番茄酱、汁或整果罐藏。番茄中的维生素 C，有生津止渴、健胃消食、凉血平肝、清热解毒、降低血压之功效，对高血压、肾脏病人有良好的辅助治疗作用。番茄中的维生素 D 可保护血管，治疗高血压。所含谷胱甘肽有推迟细胞衰老，增加人体抗癌能力。胡萝卜素可保护皮肤弹性，促进骨骼钙化，防治儿童佝偻病、夜盲症和眼干燥症。同时含有对心血管具有保护作用的维生素和矿物质元素，能减少心脏病的发作。番茄红素具有独特的抗氧化能力，能清除自由基，保护细胞，使脱氧核糖核酸及基因免遭破坏，能阻止癌变进程。尼克酸能维持胃液的正常分泌，促进红血球的形成，有利于保持血管壁的弹性和保护皮肤。食用番茄对防治动脉硬化、高血压和冠心病也有帮助。

第一节　番茄优良品种

（1）中杂 109。中国农业科学院蔬菜花卉研究所、北京中蔬园艺良种研究开发中心培育。无限生长，粉红，耐贮运，抗病。

（2）金鹏 M6。冬、春专用品种。粉红，早熟，抗线虫，无限生长，商品性优于金鹏 1 号。西安金鹏种苗有限公司培育。

（3）金鹏 M5。高抗线虫高秧粉红大果。西安金鹏种苗有限公司培育。

（4）金辉 1 号。北京中农绿亨种子科技公司培育。粉红，抗裂果，超长货架期（可达 30 天），光滑无棱，设施和露地栽培均可，坐果能力强。越冬性好，中早熟，长势强，果实圆形，粉红色，果肉硬度好。单果重 250 克。抗 TOMV、叶霉病，耐疫病和枯萎病。

（5）雷诺 102。西安桑农种业有限公司培育。粉红。国产粉果品种的早熟性，进口大红果的外观和硬度。早熟性好，第 9 叶生第一穗花。连续坐果能力强。高扁圆形。较耐寒。对水肥条件要求要高，点花浓度要低。

（6）欧冠。荷兰品种。中早熟，无限生长，长势强，具有大红番茄的长势。果色粉红，果面光滑，颜色艳丽，无绿肩及绿皮，不裂果、不空心，畸形果少。果实圆球形，略扁。果实硬度高，货架期长，极耐贮运。果实大小均匀，单果重 240～320 克。坐果率高，连续坐果能力强，低温弱光环境不会对坐果造成影响。不空穗、不早衰，增产潜力大。抗病性强，高抗烟草花叶病毒、条斑病毒、早疫病、晚病病、灰霉病等多种病害。适宜秋延迟、深冬、早春保护地栽培。

（7）浙粉 701。浙江省农业科学院蔬菜研究所、浙江省浙农种业有限公司培育。抗 TY、叶霉病、烟草花叶病毒和枯萎病。早熟，无限生长类型，综合抗性好，幼果无绿肩，成熟果粉红色，色泽艳丽，果形高圆，商品性好，硬度高，耐贮运，单果重 250 克左右。适应性广，稳产高产，全国喜食粉红果地区均可种植。

（8）迪粉特。以色列品种。高抗 TY，粉果，280 克。山东青州市四季种业总代理。

（9）金棚 901。西安金鹏种苗有限公司培育。抗 TY 病毒，中晚熟，粉红，大果，叶量大。

（10）茸毛新秀。西安桑农种业有限公司培育。大架，多毛，早熟，深粉红果。单果重 200～300 克，果实周正，果面光亮，果脐小，硬度特高，不易裂果，萼片美观，商品率高。因为茸毛的机械作用，对蚜虫、白粉虱、早疫病、晚疫病和虫传病毒病都有较强抗性。

（11）朝研 KT-10。天津朝研种苗科技有限公司培育。新育成的抗 TY 病毒番茄品种。中早熟，无限生长，植株长势旺盛，果实圆形，硬度高，耐长途运输，单果重 300~350 克。是目前粉红果中果个儿大、硬度高、产量超高的品种之一。适合春露地、冬春保护地、秋延后栽培。

（12）德赛 T-9。陕西德赛种业有限公司培育。高抗 TY 病毒，粉果，无限生长，单果重 220~250 克，早熟，硬度好。

（13）申粉 V-86。上海市农业科学院园艺研究所、上海嘉田番茄种业科技有限公司培育。无限生长，长势较强，中早熟，节间中等，幼果无绿肩，成熟果粉红色，果形圆，单果重 220 克，抗 TY 病毒。保护地、露地均可种植。

（14）上海长种番茄种业有限公司推出的合作 958、合作 968 粉红番茄品种。

（15）宝丽。法国 Clause 蔬菜种子公司培育的无限生长粉果品种。中早熟，长势强，节间中等，产量高，每穗果 4 个左右，大小均匀，果形高圆略扁，单果质量 200 克左右，转色快，颜色鲜艳，着色均匀，无青肩，果皮厚，硬度好，耐储运。抗 TY 病毒、烟草花叶病毒、马铃薯花叶病毒、根结线虫病，耐枯萎病和黄萎病。适于早春和秋季保护地栽培。

（16）东农 715。东北农业大学培育。无限生长类型，植株深绿色，长势强，中熟。幼果无绿肩，成熟果粉红色，颜色鲜艳。果实圆形，果脐小，果肉厚，果实光滑圆整，平均单果重 230~250 克。耐贮运，货架期 15 天以上，不裂果，硬度大，高抗 TY、叶霉病、枯萎病和黄萎病。耐低温性好，低温下果实膨大速度快，不容易出现畸形果。每亩产量 10 000~15 000 千克，适合全国保护地栽培。

（17）春雷。上海市农业科学院园艺研究所、阜地种子有限公司培育。朱为民博士培育。高秧粉红果。早熟性突出，耐低温性好，商品性佳，长势强，抗性好。适合温室、大棚春提早和秋延后栽培。

（18）秦皇抗线 108。西安秦皇种苗有限公司培育。无限生长，中早熟，粉红，硬果，抗根结线虫，硬果。200～300 克，硬度高，耐贮运，连续坐果能力强。

（19）R-800。大果型，红色，耐雨水，耐裂果，耐花头，耐干旱，膨大快，单果重 200～250 克（以色列）。

（20）R-208。大果型，红色，抗 TY 品种，单果重 180～250 克（以色列）。

（21）齐达利。中熟，无限生长，果实圆形，大红，单果重 220 克，果硬，耐贮运，抗黄化曲叶病毒和花叶病毒，抗枯萎病和黄萎病，适宜北方秋延迟栽培。每亩 1 800 株，每穗留 4 个果。结果期温度控制在 25～28℃，夜间最低温度控制在 10℃左右。降低保花保果激素使用深度。

（22）飞天。早熟，亮红，连续坐果能力强，果硬，货架期长。果实扁圆形，单果重 160～200 克，抗黄化曲叶病毒、黄萎病、斑萎病毒、烟草花叶病毒等。适宜春、秋冬季栽培。

（23）浙杂 501。浙江省农业科学院蔬菜研究所、浙江省浙农种业有限公司培育。抗 TY、叶霉病、烟草花叶病毒和枯萎病。中早熟，无限生长类型，综合抗性好，幼果无绿肩，成熟果大红色，色泽亮丽，果形圆整，商品性好，硬度高，耐贮运。单果重 220 克左右，果实大小均匀。适应性广，抗逆性好，连续坐果能力强，稳产高产，全国各地均可种植。

（24）David（大卫）。北京中农绿亨种子科技有限公司总代理。高抗 TY1-5，高抗线虫（N），红色，大果型，高硬度。无限生长，长势旺盛，耐寒耐热，适应性广。大红色，扁圆形，单果重 250～300 克，坚硬耐运，货架期长。适合温室及露地早春、秋延及越冬栽培。

（25）Gold（歌德）。北京中农绿亨种子科技有限公司总代理。高抗 TY1-5，高抗线虫（N），红果，货架期长。

（26）R-106。以色列金卡拉，石头番茄。连续 6 年种植表现良好，大红果，品质好，口感佳，丰产。耐湿，耐花头，耐裂果。大果型，果实硬，苹果型，单果重 220 ~ 260 克，大果可达 300 克以上。适宜北方大棚越夏种植及南方高山露地栽培。（广州亚蔬）

（27）6629。以色列品种。越冬早春，大红果，280 克，高硬度，萼片美观。山东青州市四季种业总代理。

（28）6609。以色列品种。早春耐热，大红果，260 克，耐热性强，萼片美观。山东青州市四季种业总代理。

（29）9020。以色列品种。耐热品种，大红果，耐热性好，260 克。山东青州市四季种业总代理。

（30）金品 29。以色列品种。越冬早春，大红果，280 克，高硬度，萼片美观。山东青州市四季种业总代理。

第二节　番茄栽培技术

一、春季大棚栽培技术

（一）播种育苗

1. 品种选择

大棚早春栽培，以选用耐低温、耐弱光、抗灰霉病、粉红果的早品种为宜。若用中晚熟品种，要选前期产量高，果实商品性状好，品质优，抗叶霉病及早、晚疫病的品种。

2. 播种期

11 月上中旬在大棚内播种育苗，翌年 1 月下旬至 2 月中旬定植，4 月上旬至 7 月上旬采收。

3. 种子处理

播种前进行种子处理，剔除杂质、劣籽后，用 55℃ 温水浸种 15 分钟，并不断搅拌。将种子放在清水中浸种 3 ~ 8 小时，捞出用纱布包好，在 25 ~ 30℃ 的环境中催芽，50% 以上种子露白即可播种。

4. 播种

常用的育苗方法有两种，即苗盘育苗和苗床育苗。

（1）苗盘育苗。苗盘规格是 25 厘米×60 厘米的塑料育苗盘，每个盘播种 5 克，每亩生产田用种 30~40 克。装好营养土浇足底水后播种，播后覆盖 0.5 厘米左右厚的盖籽土。苗盘下铺电加温线，上盖小环棚。营养土配制是按体积比肥沃菜园土 6 份、腐熟干厩肥 3 份、砻糠灰 1 份配制而成。

（2）苗床育苗。苗床宽 1.5 米，平整后铺电加温线，电加温线之间的距离为 10 厘米，然后覆盖 10 厘米厚的营养土，浇足底水后播种，播后覆盖 0.5 厘米左右厚的盖籽土。播种量每平方米 15 克左右。苗床上盖小环棚。

5. 苗期管理

当幼苗有 1 片真叶时进行分苗，移入直径 8 厘米的塑料营养钵内，然后在大棚内套小环棚，加盖无纺布、薄膜等保温材料。整个育苗期间以防寒保暖为主，并要遵循出苗前高、出苗后低、白天高、夜间低的温度管理原则。夜间温度不应低于 15℃，白天温度在 20℃ 以上，以利花芽分化，减少畸形果。同时要预防高温烧苗，应根据天气情况和苗情适时揭盖覆盖物。出苗后应经常保持多见阳光，当叶与叶相互遮掩时，拉大营养钵的距离，以防徒长。苗期可用叶面肥，如天缘、赐保康等喷施。壮苗标准是苗高 18~20 厘米，茎粗 0.6 厘米左右，节间短，有 6~8 片真叶。植株健壮，50% 以上苗现蕾，苗龄 65~75 天。定植前 7 天左右注意通风降温，加强炼苗。

（二）定植前准备

1. 整地作畦

选择地势高爽，前 2 年未种过茄果类作物的大棚，施入基肥并及早翻耕，然后做成宽 1.5 米（连沟）的深沟高畦，每标准棚（30 米×6 米）做 4 畦。畦面上浇足底水后覆盖地膜。

2. 施基肥

一般每亩施腐熟有机肥 4 000 千克或商品有机肥 1 000 千克，再加 25%蔬菜专用复合肥 50 千克或 52%茄果类蔬菜专用肥（N：P_2O_5：K_2O=21：13：18）30~35 千克，肥料结合耕地均匀翻入土中后作畦。

（三）定植

1. 定植时间

当苗龄适宜，棚内温度稳定在 10℃以上时即可定植。一般在 1 月下旬至 2 月上旬，选择晴好无风的天气定植。

2. 定植方法

定植前营养钵浇透水，畦面按株行距先用制钵机打孔，定植深度以营养钵土块与畦面相平为宜。定植后，立即浇搭根水，定植孔用土密封严实。同时搭好小环棚，盖薄膜和无纺布。

3. 定植密度

每畦种 2 行，行距 60 厘米，株距 30~35 厘米，每亩栽 2 400 株左右。

（四）田间管理

大棚春番茄的管理原则以促为主，促早发棵、早开花、早坐果、早上市，后期防早衰。

1. 温光调控

定植后闷棚（不揭膜）2~4 天。缓苗后根据天气情况及时通风换气，降低湿度，通风先开大棚再适度揭小棚膜。白天尽量使植株多照阳光，夜间遇低温要加盖覆盖物防霜冻，一般在 3 月下旬拆去小环棚。以后通风时间和通风量随温度的升高逐渐加大。

2. 植株整理

第一花序坐果后要搭架、绑蔓、整枝，整枝时根据整枝类型将其他侧枝及时摘去，使棚内通风透光，以利植株的生长发育。留 3~4 穗果时打顶，顶部最后一穗果上面留 2 片功能叶，以保证果实生长的需要。每穗果应保留 3~4 个果实，其余的及时摘去。结果后期摘除植株下部的老叶、病叶，以利通风透光。

3. 追肥

肥料管理掌握前轻后重的原则。定植后 10 天左右追 1 次提苗肥，每亩施尿素 5 千克。第一花序坐果且果实直径 3 厘米大时进行第二次追肥，第二、第三花序坐果后，进行第三、第四次追肥，每次每亩追尿素 7.5~10 千克或三元复合肥 5~15 千克。采收期，采收 1 次追肥 1 次，每次每亩追尿素 5 千克、氯化钾 1 千克。

4. 水分管理

定植初期，外界气温低，地温也低，不利于根系生长，一般不需要补充水分。第一花序坐果后，结合追肥进行浇灌，此时，大棚内温度上升，番茄植株生长迅速，并进入结果期，需要大量的水分。每次追肥后要及时灌水，做到既要保证土壤内有足够的水分供应，促进果实的膨大，又要防止棚内湿度过高而诱发病害。

5. 生长调节剂使用

第一花序有 2~3 朵花开时，用激素喷花或点花，防止因低温引起的落花落果，促进果实膨大，抑制植株徒长是确保番茄早熟丰产的重要措施之一。常用激素主要为番茄灵，用于浸花，也可用于喷花，浓度掌握在 30~40 毫克/千克。使用番茄灵必须在植株发棵良好、营养充足的条件下进行，因此定植后不宜过早使用。番茄灵也可防止高温引起的落花落果，在生长后期也可使用，但使用后要增加后期的追肥，防止早衰。

（五）采收

番茄果实已有 3/4 的面积变成红色时，营养价值最高，是作为鲜食的采收适期。通常第一、第二花序的果实开花后 45~

50 天采收，后期（第三、第四花序）的果实开花后 40 天左右采收。采收时应轻拿、轻放，并按大小等分成不同的规格，放入塑料箱内。一般每亩产量 4 000 千克左右。

（六）包装

按番茄的大小、果形、色泽、新鲜度等分成不同的规格进行包装，要清除烂果、过熟、日伤、褪色斑、疤痕、雹伤、冻伤、皱缩、空腔、畸形果、裂果、病虫害及机械伤明显不合格的番茄。用于包装的番茄必须是同一品种，包装材料应使用国家允许使用的材料，包装完毕后贴上标签。

二、秋季栽培技术

（一）品种选择

选用抗病，抗逆性强，耐低温弱光，连续结果能力强，优质、高产、耐储运、商品性好的品种。

（二）播种时期

播种期一般在 7 月中旬，延后栽培的可推迟到 8 月上旬前。

（三）育苗

秋番茄也要采取保护地育苗，以减少病毒病的为害。播种方法与春季大棚栽培相同，先撒播于苗床上，再移栽到塑料营养钵中，或者采用穴盘育苗，将番茄种子直接播于 50 穴或 72 穴穴盘中。穴盘营养土可按体积比按肥沃菜园土 6 份、腐熟干厩肥 3 份、砻糠灰 1 份或蛭石 50%、草炭 50% 配制。播种前浇透水，播后及时覆盖遮阳网，苗期正值高温多雨季节，幼苗易徒长，出苗后要控制浇水，应保持苗床见干见湿。遇高温干旱，应适量浇水抗旱保苗。秋季番茄苗龄不超过 25 天。

（四）整地作畦

秋番茄的前茬大多是瓜果类蔬菜，土壤中可能遗留下各种有害病菌，而且因高温蒸发土壤盐分上升，这对种好秋番茄极为不利。所以，前茬出地后，应立即进行深翻、晒白、灌水淋洗，然后每亩施商品有机肥 500~1 000 千克和 45% 硫酸钾 BB 肥 30 千克，深翻整地，再做成宽 1.4~1.5 米（连沟）的深沟高畦。

（五）定植

8 月中旬至 9 月初选阴天或晴天傍晚进行，每畦种 2 行，株距 30 厘米，边栽植边浇水，以利活棵。

（六）田间管理

定植后要及时浇水、松土、培土。活棵后施提苗肥，每亩施尿素 10 千克左右。第一穗果坐果后，每亩施三元复合肥 15~20 千克，追肥穴施或随水冲施。以后视植株生长情况再追肥 1~2 次，每次每亩施三元复合肥 10~15 千克。

开花后用（25~30）×10^{-6} 毫克/千克浓度的番茄灵防止高温落花、落果。坐果后注意水分的供给。

秋番茄不论早晚播种都以早封顶为好，留果 3~4 层，这样可减少无效果实的产生，提高单果重量。秋番茄后期的防寒保暖工作很重要，一般在 10 月底就要着手进行。种在大棚内的，夜间要放下薄膜；种在露地的，要搭成简易的小环棚。早霜来临前，盖上塑料薄膜，一直沿用到 11 月底。作延后栽培的，进入 12 月后，要开始加强保暖措施。可在大棚内套中棚，并将番茄架拆除放在地上，再搭小环棚，上面覆盖薄膜和无纺布等防寒材料。如果措施得当，可延迟采收到 2 月中旬。其他田间管理与春季大棚栽培相同。

（七）采收

10 月中下旬可开始采收。采用大棚延后栽培的，可采收到翌年的 2 月。露地栽培的秋番茄每亩产量为 1 000~2 000 千克，大棚栽培的秋番茄每亩产量为 2 000~2 500 千克。

第五章　大　蒜

大蒜又叫蒜头、大蒜头、胡蒜、葫、独蒜、独头蒜，是蒜类植物的统称。半年生草本植物，百合科葱属，以鳞茎入药。春、夏采收，扎把，悬挂通风处，阴干备用。

大蒜呈扁球形或短圆锥形，外面有灰白色或淡棕色膜质鳞皮，剥去鳞叶，内有6~10个蒜瓣，轮生于花茎的周围，茎基部盘状，生有多数须根。每一蒜瓣外包薄膜，剥去薄膜，即见白色、肥厚多汁的鳞片。有浓烈的蒜辣气，味辛辣。有刺激性气味，可食用或供调味，亦可入药。地下鳞茎分瓣，按皮色不同分为紫皮种和白皮种。大蒜是秦汉时从西域传入中国，经人工栽培繁育，具有抗癌功效，深受大众喜食。

第一节　形态特征

一、根

大蒜为浅根性作物，无主根。发根部位为短缩茎周围，外侧最多，内侧较少。根最长可达50厘米以上，但主要根群分布在5~25厘米土层，横展范围30厘米。成株发根数70~110条。

二、茎

鳞茎大形，具6~10瓣，外包灰白色或淡紫色膜质鳞被。叶基生，实心，扁平，线状披针形，宽约2.5厘米，基部呈鞘状。花茎直立，高约60厘米。

三、叶

包括叶身和叶鞘。叶鞘管状，叶生未展出前呈折叠状，展出后扁平而狭长，为平行叶脉。叶互生，为1/2叶序，排列对称。叶鞘相互套合形成假茎，具有支撑和营养运输的功能。

四、花、种子

伞形花序，小而稠密，具苞片 1～3 枚，片长 8～10 厘米，膜质，浅绿色，花小形，花间多杂以淡红色珠芽，长 4 毫米，或完全无珠芽；花柄细，长于花；花被 6，粉红色，椭圆状披针形；雄蕊 6，白色，花药突出；雌蕊 1，花柱突出，白色，子房上位，长椭圆状卵形，先端凹入，3 室。蒴果，1 室开裂。种子黑色。花期夏季。

第二节　生长习性

大蒜是弦状须根。吸水肥能力较弱，鳞茎又在土壤中生长、膨大，所以大蒜应选择土壤疏松、排水良好、有机质丰富的地块栽培。尽管大蒜的适应性较大，但还是以砂壤土为好。因砂壤土疏松，适宜根系发育，返青早，抽薹早，蒜头大且辛辣味浓，起蒜容易。

一、温度

大蒜喜冷凉，适宜温度在 -5～26℃。大蒜苗 4～5 叶期耐寒能力最强，是最适宜的越冬苗龄。

二、光照

完成春化的大蒜在 13 小时以上的长日照及较高温度条件下开始花芽和鳞芽的分化，在短日照而冷凉的环境下，只适合茎叶生长。

三、水分

大蒜喜湿怕旱。

四、土壤

大蒜对土壤要求不严，但富含有机质、疏松透气、保水排水性能强的肥沃壤土较适宜。

第三节　大蒜高效栽培技术

一、播前准备

1. 改变栽培模式

山东金乡、成武等主产区大蒜栽培多为蒜棉套作，平畦栽培。蒜棉套作的优点是大蒜为浅根系作物，棉花为深根系作物，它们可以优势互补，土壤养分充分利用。缺点是棉花生育期长，腾茬晚，没有耕作、晒垡、休田的时间；用药量大，是大蒜质量安全的重大隐患。平畦栽培的优点是做畦省工，覆膜方便，工作效率高；缺点是易造成大水漫灌，导致土壤板结。因此，提倡蒜菜套作、高畦栽培，减少蒜棉套作、平畦栽培面积。蒜菜套作可提高经济效益；高畦栽培能够疏松土壤，利于鳞茎的膨大。种植模式如大蒜—莴笋—玉米、大蒜—菠菜—玉米、大蒜—西瓜—玉米、大蒜—甜瓜—玉米、大蒜—豆角、大蒜—花生、大蒜—黄瓜、大蒜—芸豆、大蒜—辣椒、大蒜—茄子、大蒜—生姜、大蒜—棉花等。

2. 精选蒜种

良种是作物高产、稳产的基础。大蒜属无性繁殖，长年种植就会导致病毒在体内积累以及其他不良性状的累加，造成大蒜种性退化，因此要精选蒜种。

（1）异地换种。在有一定地域差异和栽培差异的地区进行换种，可提高大蒜种性。异地蒜种有一定的异地生长优势，并富含异地的矿质营养，可弥补当地营养的不足。如远的（南方和北方、山区和平原、旱区和稻区）和近的（沙土地与淤土地、亲戚间、邻居间）进行交换种植，都能够表现出较强的增产优势，其长势、长相、抗病性、抗逆性、产量性状均优于在当地种植的品种，增产率一般在10%以上。

（2）精选蒜种。选择具有该品种特性、肥大、颜色一致、蒜瓣数适中、无虫源、无病菌、无刀伤、无霉烂的蒜头做蒜种。

蒜种只要在播种前能剥完，越晚剥越好。剥种过早，蒜种易失水或受潮萌发或损伤，影响其生活力。剥种时，首先进行种瓣选择，剔除茎盘发黄、顶芽受伤、带有病斑、发霉的蒜瓣及过小蒜瓣，选用蒜瓣肥大、色泽洁白、基部突起的蒜瓣，单瓣重在 5~7 克为宜。

3. 精耕细作

大蒜田普遍以旋耕代深耕的现象较为普遍，旋耕地块大都存在着耕层浅，犁底层坚硬，土壤板结，保肥、保水、保温性能差等问题，致使大蒜根系发育弱，抗病、抗寒、抗旱能力差。

深耕不仅能够加厚土壤耕作层，扩展根系的生长空间，改善土壤结构，协调土壤蓄水、保水、保肥、保温和透气的矛盾，而且有利于土壤微生物的活动，有利于根系下扎和鳞茎的膨大，并使土壤释放出更多的矿质元素，满足作物的需求。同时，深耕还可以掩埋病菌和杂草种子，起到减轻病害、抑制杂草的效果。

科学的耕作技术是旋耕（或深松）与深耕相结合，旋耕 2~3 年深耕 1 次，以保持熟土在上、生土在下，保证当年增产。耕翻深度一般为 20~25 厘米。

整地质量的好坏直接关系到覆膜质量和保苗效果。如果整地质量差，土块大，地面不平，地膜盖不严，地膜下面有很多大空隙，则杂草滋生，难以清除，而且影响地膜的保温、保湿效果，造成出苗不齐。

整地要求：耕翻后，适当晒垡，然后耙地，做到耙透、耙平、耙实，消灭明暗坷垃，达到上松下实。根据不同的种植方式做畦，整平待播。

4. 科学施肥

针对大蒜种植区连作时间长、重茬病严重、土壤板结、地力下降的实际情况，应增施有机肥、稳施氮肥、控施磷肥、巧施钾肥、补施中微肥，大力推广测土配方施肥技术，扩大生物肥料、控释缓释肥料等新型肥料的施用面积，努力提高化肥利用率。

（1）增施有机肥。增施有机肥，不仅可提高土壤有机质含量，改善土壤团粒结构，增强土壤通透性，提高土壤保水、保肥和供肥能力，而且能够增强大蒜根系活动能力，增大吸收空间，提高大蒜的抗逆性。一般亩施腐熟畜禽粪便 2 000~3 000千克或饼肥 100~200 千克或精制有机肥 160~200 千克。

生物有机肥，可增加土壤有益微生物，调节大蒜根际微生物生态环境，使微生物、土壤和大蒜根系的相互作用处于最佳状态。通过有益微生物竞争营养和空间、拮抗作用等途径来减少病原菌的数量，从而减轻重茬病害的发生。重茬病严重地块一般亩施生物有机肥 160~200 千克（可替代有机肥）。

（2）优化氮磷钾比例。根据大蒜的需肥特点，秋种大蒜基肥的氮磷钾施用数量为：①轻壤土地块：亩施纯 N 22 千克、P_2O_5 12 千克、K_2O 20 千克。②中壤土地块：亩施纯 N 21 千克、P_2O_5 13 千克、K_2O 18 千克。③重壤土地块：亩施纯 N 20 千克、P_2O_5 14 千克、K_2O 16 千克。重茬病严重地块可适当减少施用量。

（3）补施中微肥。中微量元素供应不足，作物则呈现缺素症，不仅造成作物减产，而且会加重病虫害的发生。在缺乏中微量元素的土壤有针对性地补施中微量元素是十分必要的，但中微量元素的施用要掌握适量。在合理施用有机肥、氮磷钾的基础上，大蒜一般亩施中微量元素肥 25 千克即可。

5. 土壤处理

（1）防治地下害虫。可亩用 40%辛硫磷 500 毫升加 1.8%阿维菌素 100~150 毫升对水 2 千克，拌细土 50 千克撒施垡头或顺播种沟撒施，对根蛆、根螨均有很好的防治效果，严禁使用高毒、高残留农药及其复配制剂。

（2）防治土传病害。可亩用 77%多宁粉剂 1 千克或 50%多菌灵粉剂 2 千克拌细土 50 千克撒施播种沟，预防大蒜根茎部病害。

二、播种

1. 种子处理

（1）晒种。播前晒种 2~3 天，可打破种子休眠，增强发芽势、促进大蒜出苗齐、匀、壮。

（2）药剂拌种。可用 77% 多宁粉剂按种子量的 0.2% ~ 0.3% 对水 3~4 千克，喷拌均匀，堆闷 6 小时后播种。也可用 2.5% 适乐时 100 克，对水 2.5 千克，拌种 150 千克左右，晾干后播种。可有效防治大蒜菌核病、红根腐病、干腐病、疫霉根腐病、细菌性软腐病。

2. 播种时间

大蒜播种期是否适当，对蒜薹、蒜头的产量和质量都有很大影响。播种过早，温度高，冬前营养体大，烂母提前，可能遭致蛆害；生育进程提前，还可能造成二次生长。播种过晚，温度低，出苗慢，冬前苗弱小，干物质积累少，抗寒力下降，越冬期间死苗多。适宜的播期因地区、品种、栽培方式及栽培目的而异，确定适宜播期的基本原则有两条：一是满足种瓣萌发所需的适宜温度（16~20℃），二是越冬期具有 6~8 片展叶，可以安全越冬。

山东鲁西南地区大蒜适宜播期为 10 月 1—15 日，最佳播期为 10 月 5—10 日。晚熟品种、小蒜瓣、肥力差的地块可适当早播，早熟品种、大蒜瓣、肥沃的土壤可适当晚播。

3. 播种方法

"深栽葱子浅栽蒜"是农民多年实践得出的经验，大蒜播种一般适宜深度（蒜瓣顶部距地表）为 1~2 厘米。大蒜的播种方法因做畦方式的不同而分为平畦播种法和高畦播种法。

（1）平畦播种法。先做成宽 2 米或 4 米的平畦，然后开沟，沟深 5~6 厘米，并按用种量撒放种子，最后播种、覆土。

（2）高畦播种法。先做成畦宽 0.6 米（套种生姜）或 0.8
米（套种茄子）、沟宽 0.2~0.25 米、沟深 0.2 米的高畦，然后
开沟、播种、覆土。

无论采用哪种播种方法，为了达到苗齐、苗壮，均应掌握
以下几点：第一，播种沟深浅一致，蒜瓣大小一致，覆土厚薄
一致。沟的深度要根据蒜瓣大小作适当调整，大蒜瓣可稍深些，
小蒜瓣稍浅些，原则是蒜瓣顶部距土面的距离（覆土厚度）平
畦为 1~2 厘米。覆土过浅，灌水时易将种瓣冲出土面，造成缺
苗，且易"跳蒜"，越冬期遭受冻害；覆土过深，出苗慢，且不
利于鳞茎膨大。第二，播种沟底部的土壤要疏松，播种时将种
瓣轻轻按入松土中，不可用力往硬土中按，以免损伤蒜瓣茎盘
的发根部位，造成缺苗。第三，播种时要将蒜瓣的腹背连线与
播种行的方向平行，以减少叶片间的重叠，提高光合利用率。

4. 种植密度

合理密植是充分利用土地、空间、阳光，达到优质高产的
关键措施。密度不但影响蒜薹和蒜头的产量，而且对质量也有
影响。密度太高时，蒜头变小，单位面积产量有可能提高，但
蒜薹和蒜头质量下降。密度太低时，蒜薹和蒜头增大，但由于
单位面积的株数减少，产量随之下降，并易发生二次生长。

山东大蒜主产区适宜种植密度为：22 000~26 000 株/亩。
重茬病严重地块、早熟品种、小蒜瓣、沙壤土可适当密植，晚
熟品种、大蒜瓣、重壤土可适当稀植。

5. 合理浇灌出苗水

播种后，要适时灌水，并灌足灌透。灌水过早，出苗不齐，
且易烧苗；灌水过晚，蒜苗出土快，影响覆膜。灌水的适宜时
间是播种后 2~5 天（如果播种与耕作间隔时间长，可缩短这次
灌水与播种的间隔时间），这时灌水能够苗齐苗壮，且易于放
苗、不烧苗。

6. 化学除草

根据地块间不同的草相，不同的杂草密度，选用不同除草剂配方。按照化学除草技术操作规范，合理使用，禁止超量使用。一般每亩喷施 33%二甲戊灵乳油 200~250 毫升或 44%戊氧乙草胺乳油 150~200 毫升/亩或 33%二甲戊灵乳油 150 毫升加 24%乙氧氟草醚 30~40 毫升。

具体使用方法是：按每亩的用药量对水 30~50 千克，于灌水 2~3 天后干湿适中时将药液均匀地喷在地面上。喷药时要倒退操作，防止脚踏地面破坏土表药膜，影响除草效果。喷除草剂后应立即盖膜，以保持地面湿润，提高除草效果。

7. 地膜覆盖

选择厚度为 0.005~0.006 毫米，宽度为 200~400 厘米规格的地膜。覆膜时，必须将地膜拉紧、拉平，使其紧贴畦面，膜下无空隙，膜的两侧要压紧。这样，大蒜幼芽易顶破地膜，且膜不易被风鼓起，起到保温、保水、保肥、抑制杂草的作用。

三、田间管理

（一）冬前管理

1. 放苗

播种后灌水 5 天左右，蒜苗出土 1/5~1/3 时，就要进行放苗。可在清早用浸水的麻袋拉或用扫帚拍，连拉（或拍）2~3 天。最后实在不能出苗的，要用铁钩人工放苗。

2. 浇越冬水

根据墒情和天气，一般年份要适时浇好越冬水。越冬水有利于沉实土壤，平移地温，确保蒜苗安全越冬，并为早春大蒜返青提供良好的水分供应，弥补早春地温低不能浇水的不足。正常年份，一般在 12 月上中旬（掌握在强寒流侵袭前）浇越冬水；对基施肥料不够的地块，结合浇越冬水可适量补肥。沙壤土较耐旱，也可不浇越冬水；重壤土不耐旱，应尽量浇越冬水。

（二）春后管理

1. 清除杂草，净化、修补地膜

早春，杂草不但争夺营养、水分和阳光，甚至能拱破地膜，影响大蒜生长，应及早除去；对膜上杂物要及早清除，净化膜面；对损坏的地膜要及时修补，确保地膜的保温、保湿效果，促进大蒜早返青。

2. 追施叶面肥

3月，由于地温低不能浇水，应及时追施叶面肥，以补充营养，促进大蒜生长。可选用死落复或旱地龙叶面肥或0.5%的尿素稀释液或0.3%的磷酸二氢钾稀释液进行叶面喷施，5~7天喷1次，连喷3~4次。对苗情弱、冻害重的地块可选用植物动力2003或赤霉素溶液进行喷施。

另外，2月底3月初，如遇大雨或大雪，可在雨或雪前撒施尿素5~10千克/亩。

3. 加强肥水管理

鲁西南大蒜主产区重茬病较重的地块，应适当推迟浇水时间，且浇水量宜小，少施氮肥（禁冲尿素），多施可溶性有机肥。通过合理运筹肥水，达到减轻大蒜重茬病害、提高化肥利用率、增加大蒜生产效益的目的。

一般地块可视苗情、墒情和天气情况，合理确定浇水时间和施肥量。①4月5—10日，地温稳定在13~15℃时，浇第一水，即"壮苗水"，并随水冲施"壮苗肥"。此时地温尚低，要浇小水。一般亩冲施纯N 6千克、K_2O 4千克，或可溶性腐殖酸或氨基酸或海藻酸肥料15千克，并配施少量微肥。②4月20日前后，浇第二水，即"催薹水"，并随水冲施"催薹肥"。此时地温已高，大蒜正值旺盛生长期，浇水量可大些。一般亩冲施纯N 4千克、K_2O 6千克，或可溶性腐殖酸或氨基酸或海藻酸肥料20千克。③5月上旬，拔完蒜薹后，浇第三水，即"催头水"，多数地块可不施"催头肥"，只进行叶面追肥。此时正值蒜头膨大期，需要充足的水分和不太高的地温，故要浇大水，浇足浇透。重茬病严重地块可推迟浇水 5~7 天，并适当减少化肥冲施量、增加可溶性有机肥冲施量。

4. 综合防治病虫害

（1）在 3 月底 4 月初，喷施叶面肥时可加入 50%灭蝇胺可湿性粉剂 1000 倍液或 5%高效氯氰菊酯乳油 800 倍液，防治种蝇、韭蝇；加入 50%异菌脲可湿性粉剂 800 倍液或 70%甲基托布津可湿性粉剂 600 倍液，预防大蒜病害的发生。

（2）防治叶枯病，可选用 50%异菌脲可湿性粉剂 800 倍液或 70%甲基托布津可湿性粉剂 600 倍液交替使用，5~7 天喷 1 次，连喷 3~4 次。

（3）防治细菌性软腐病，可选用 50%中生菌素可湿性粉剂 1 500 倍液或 88%枯必治可湿性粉剂 1 500 倍液或 47%甲瑞农可湿性粉剂 600 倍液交替使用，5~7 天喷 1 次，连喷 3~4 次。

（4）防治疫霉根腐病，可选用 60%百泰可分散粒剂 600 倍液或 77%多宁可湿性粉剂 600 倍液交替使用，5~7 天喷 1 次，连喷 3~4 次。

（5）防治蒜蛆、根螨，可结合浇水每亩冲施 40%辛硫磷乳油 500 毫升+1.8%阿维菌素乳油 50 毫升或 40%毒·辛乳油 500 毫升或 40%毒死蜱乳油 500 毫升。

四、收获

1. 蒜薹收获

蒜薹收获过早，产量低，影响收益；收获过晚，虽然产量高，但是蒜薹的木质化程度高，质量差，影响蒜薹的商品性，因此适时收获蒜薹非常重要。具体收获时期应掌握在蒜薹抽出后发一个弯，颜色保持深绿，一般时间在 5 月初，此时产量高、品质好。

在拔蒜薹时，最好徒手拔出，尽量不要用铁钉、利刀子进行拔薹。如果用铁钉、利刀子进行拔薹，将会使大蒜受到机械损伤，蒜叶、叶柄受到破坏，影响光合作用，蒜头产量降低。采收蒜薹的时间最好在晴天中午和午后进行，此时植株有些萎蔫，叶鞘与蒜薹容易分离，并且叶片有韧性，不易折断，可减少伤叶。若在雨天或雨后采收蒜薹，植株已充分吸水，蒜薹和叶片韧性差，极易折断。

2. 蒜头收获

大蒜收获的早晚直接影响着蒜头的产量、品级、储藏、加工和运输，收获过早，蒜头产量低，蒜瓣含水量大，对储藏不利；收获过晚，蒜头产量高，但蒜皮薄、易散瓣，影响商品性。过早和过晚都不宜采取，应适期收获。大蒜的收获应根据大蒜的生长成熟度来决定，适期收获的依据是：大蒜植株的基部叶片大都干枯，上部叶片逐渐呈现枯黄，顶部叶片3~4片保持绿色；观察蒜头，蒜瓣背部已凸起，瓣与瓣之间沟纹明显，时间一般在拔完蒜薹后15~20天。病重、早衰、二次生长严重的地块应适当早收；生长良好、绿叶较多的地块可适当晚收。

收获的大蒜要严防烈日暴晒，以防蒜头糖化，并做到防雨防潮，及时晾晒，以防发生霉变。

第六章 大 葱

大葱为百合科葱属二年生，以假茎和嫩叶为产品的草本植物，在我国的栽培历史悠久，山东、河南、河北、陕西、辽宁、北京、天津是大葱的集中产区，出现很多著名的大葱品种，如山东的章丘大葱等。大葱抗寒耐热，适应性强，高产耐储，可周年均衡供应。

第一节 大葱优良品种

目前生产上栽培面积较大的长葱白类型大葱品种主要有以下几种。

（1）章丘大梧桐。是中国最著名的大葱优良品种，长葱白类型的典型代表品种。山东省章丘市地方品种，目前是中国大葱栽培的主要品种之一。单株重500克左右，最重者可达1千克。每亩产鲜葱5 000千克左右。

（2）掖辐1号。是山东省莱州市利用辐射诱变技术，将章丘大梧桐品种进行辐射诱变，从变异后代中选育而成。单株重500克左右。一般每亩产鲜葱5 000千克以上。

（3）寿光八叶齐。山东省寿光市地方品种。单株重400~600克，一般每亩产鲜葱4 000千克左右。

（4）北京高脚白。北京市地方品种。单株重500~750克，品质佳。一般每亩产鲜葱5 000千克左右。

（5）华县谷葱。陕西省华县农家品种，又称孤葱。单株重300克左右。每亩产鲜葱3 000~4 000千克。

（6）海洋大葱。河北省抚宁县海洋镇地方品种。单株重200~300克，每亩产鲜葱2 500~3 500千克。

（7）凌源鳞棒葱。辽宁省凌源县农家品种。每亩产鲜葱

3 000千克以上。

（8）营口三叶齐。辽宁省营口市蔬菜研究所利用地方品种系统选育而成。单株重300克以上，一般每亩产鲜葱3 000千克以上。

（9）毕克齐大葱。内蒙古自治区默特左旗农家品种。单株重150克左右。一般每亩产鲜葱2 000~3 500千克。

（10）山西鞭杆葱。山西省运城市农家品种。单株重400克左右。一般每亩产鲜葱3 000~4 000千克。

（11）赤水孤葱。陕西省赤水市农家品种。单株重300克左右，最大可达500克。一般每亩产鲜葱4 000千克左右。

第二节　大葱栽培技术

一、植物学特征

1. 根

大葱的弦状须根着生在短缩茎盘上，随着茎的伸长陆续发生新根，主要根群分布在30厘米土层范围内。大葱根的分枝性差，根毛少，吸水吸肥能力弱，要求土壤疏松肥沃。

2. 茎

在营养生长期，其茎为地下茎，短缩为圆锥形，随着植株生长、短缩茎稍有延长；花芽开始分化后，逐步抽薹开花。

3. 叶

包括叶身和叶鞘两部分，叶身管状，表面有蜡层、中空，幼嫩的葱叶并不中空。在葱叶的下表皮及其绿色细胞中间充满油脂状黏液，能分泌辛辣的气味。叶鞘是大葱的营养储藏器官，前期叶鞘较薄，假茎较细；假茎形成期，叶身中的营养逐渐向叶鞘转移，使假茎肥大增长。

4. 花

花茎呈中空圆柱形，先端着生伞形花序，圆球形，每个花序有500朵左右的小花，色泽白色或紫红色。大葱的花为两性花，异花授粉，属于虫媒花，采种应注意隔离。

5. 果实与种子

蒴果，内含种子 6 枚，果实成熟后开裂，种子较易脱落。种子盾形，有棱角，种皮黑色，千粒重 3 克左右，种子寿命短，仅 1～2 年，栽培上均应选用当年新种子。

二、大葱对环境条件的要求

在营养生长时期，要求凉爽的气候，肥沃的土壤，中等强度的光照。为促进产品器官的形成，应将葱白形成期安排在秋凉季节。

1. 温度

大葱是耐寒性蔬菜，耐寒能力较强，但耐热能力较弱。幼苗和种株在土壤和积雪的保护下，可通过-30℃的低温。大葱生长适宜日平均温度为 13～25℃，高于 25℃植株生长不良，叶片变黄，假茎细弱，易感病害。

2. 水分

大葱具有耐旱的叶型和喜湿的根系，要求较高土壤湿度和较低的空气湿度，但不同生育期对水分的要求有一定差异。发芽期应保持土壤湿润，以利萌芽出土；幼苗生长前期（越冬前）应适当控制浇水，防止幼苗徒长或秧苗过大；越冬前应浇足冻水，防止失墒死苗；返青后浇返青水，促进幼苗返青生长；幼苗生长盛期和葱白形成期生长量大，蓄水量较多，应保持土壤湿润；收获前减少浇水，防止恋青，以利储藏。

3. 光照

大葱要求中等强度光照，光照过强，叶片老化，食用品质降低；光照过弱，叶片易黄化，导致严重减产。大葱发育要求较长的日照条件。

4. 土壤营养

大葱适于在土层深厚，保水力强、疏松透气、含有机质丰富的肥沃土壤上生长。大葱比较喜肥，基肥以充分腐熟的有机肥效果最好，追肥要求氮磷钾齐全，青葱栽培应注意氮肥的施用。

三、茬口安排

大葱耐寒抗热，适应性强，且青葱产品收获期不严格，故可分期播种，均衡供应，尤其在南方地区。但冬储大葱的栽培季节比较严格，北方一般秋季播种育苗，翌年夏季定植，入冬前收获；南方地区可春播或秋播。

四、栽培技术

（一）播种育苗

苗床宜选择土质疏松、有机质丰富的沙壤土，每亩施入腐熟农家肥 4 000~5 000 千克，过磷酸钙 50 千克，将整好的地做成 85~100 厘米宽、600 厘米长的畦，育苗面积与大田栽植面积的比例一般为 1：（8~10）。大葱播种一般可分平播（撒播）和条播（沟播）两种方式，撒播较普遍。采用当年新籽，每亩播种量 3~4 千克。苗期管理主要有间苗、除草、中耕、施肥和浇水。苗期追肥一般结合灌水进行，秋播育苗的，越冬前应控制水肥，结合灌冬水追肥，越冬期间结合保温防寒可覆盖粪土。返青后结合灌水追肥 2~3 次，每次每亩施尿素 10~15 千克。春播苗从 4 月下旬开始第一次浇水施肥，到 6 月上旬要停止浇水施肥，进行蹲苗、炼苗，使葱叶纤维增加，增强抗风、抗病能力。于栽植前 10 天施肥浇水，此次施肥为移栽返青打下良好基础，因此也称这次肥为"送嫁"肥。当株高 30~40 厘米，假茎粗 1~1.5 厘米时，即可定植。

（二）整地作畦，合理密植

每亩施入腐熟农家肥 2 500~5 000 千克，耕翻整平后开定植沟，沟内再集中施优质有机肥 2 500~5 000 千克，短葱白品种适于窄行浅沟，长葱白品种适于宽行深沟。合理密植是获得大葱

高产、优质的重要措施。一般长葱白型大葱每亩栽植 18 000~
23 000 株，株距一般在 4~6 厘米为宜，短葱白型品种栽植，每
亩栽植 20 000~30 000 株。

（三）田间管理

田间管理的中心是促根、壮棵和促进葱白形成，具体措施
是培土软化和加强肥水管理。

1. 灌水

定植后进入炎夏，恢复生长缓慢，植株处于半休眠状态，
此时管理中心是促根，应控制浇水；气温转凉后，生长量增加，
对水分需求多，灌水应掌握勤浇、重浇的原则，每隔 4~6 天浇
1 水；进入假茎充实期，植株生长缓慢，需水量减少，此时保持
土壤湿润；收获前 5~7 天停止浇水，以利收获和储藏。

2. 追肥

在施足基肥的基础上还应分期追肥。天气转凉，植株生长
加快时，追施"攻叶肥"，每亩施腐熟农家肥 1 500~2 000 千克、
过磷酸钙 20~25 千克，促进叶部生长；葱白生长盛期，应结合
浇水追施"攻棵肥" 2 次，每亩施尿素 15~20 千克、硫酸钾
10~15 千克。

3. 培土

大葱培土是软化其叶鞘、增加葱白长度的有效措施，培土
高度以不埋住葱心为标准。在此前提下，培土越高，葱白越长，
产量和品质也越好。培土开始时期是从天气转凉开始至收获，
一般培土 3~4 次。

（四）收获

大葱的收获应根据不同栽植季节和市场供应方式而定，秋
播苗早植的大葱，一般以鲜葱供应市场，收获期在 9—10 月。
春播苗栽植大葱，鲜葱供应在 10 月上旬收获，干储越冬葱在 10
月中旬至 11 月上旬收获。

第七章　山　药

第一节　概　述

"山药山药，山中之药"。山药在以前主要是药用，这几年才主要以食用为主。食用也多是为药用来的。人们吃山药，都是认为它能治病，可滋补，当然也可以充饥。山药发展到今天，已成为重要的国际性药、食兼用作物和珍稀蔬菜。

山药是中华人民共和国卫生部批准的 73 种药食同源植物中的主要物种，也是最典型的药食同源植物。它营养丰富，含有皂甙、黏液质、淀粉酶、胆碱、尿囊素、淀粉、糖蛋白、氨基酸、多酚氧化酶、维生素 C、钙、磷、铁、甘露聚糖、植酸等 20 多种营养素。这些营养素具有诱导产生干扰素、增强人体细胞免疫功能的作用。常食用山药能健身强体，延缓衰老。山药的药用价值很高，历代医学家曾盛赞它为"理虚之要药"，"滋补药中的上品"，民间还把山药称为"大棒人参"。据考证，早在 2 000 多年前的东汉名医张仲景就用山药入药。《神农本草经》谓山药"味甘、温，主健中补虚，除寒热邪气，补中益气力，长肌肉，久服耳目聪明"。《日华子本草》说山药"助五脏，强筋骨，长志安神，主泄精健忘"。《本草纲目》认为，山药能"益肾气，健脾胃，止泄痢，化痰涎，润皮毛"。《新修本草》说："薯蓣日干捣细，食之大美，久服轻身，不饥延年。"具体说来，山药有六大保健功能。

（1）滋补修身，延缓衰老。中医认为，山药有润肤悦色功能，可抗皮肤衰老。因为山药属补气类中药，长于健脾补气，脾气足则肌丰肤润。元代脾胃论专家李东垣说："治皮肤干燥，以此物润之。"李时珍在《本草纲目》中说，山药能"润皮毛"。所以，麻疹消退时，皮肤干燥，用山药润之最适宜。鱼鳞病患者长久食用山药，能白肤健身、润泽皮肤。山药中的多巴胺、皂戒，有改善皮肤血液供应、使皮肤柔嫩、抗皮肤衰老的作用。

（2）收涩固肠止泻。山药味甘，补而不腻，香而不燥，治疗脾虚腹泻效果好。山药是缓和滋补强壮药，健脾益胃宽肠，对胃肠功能减退的久泻有较好的疗效。《医学衷中参西录》认为，山药之性，能滋阴又能利湿，能润滑又能收涩。山药能治疗大便溏泻，是因其有利小便的功能，小便利，则使水分从膀胱而出，减少了肠道内的水分，另外，山药可健脾厚肠胃、平补脾气，加强补气运脾之功，固大便，故能减轻溏泻的症状。

（3）防治动脉硬化和冠心病。动脉粥样硬化是指全身大、中动脉的管壁内沉积大量胆固醇而发生粥样斑块，造成动脉管腔狭窄，甚至闭塞。严格地说，它不是一种独立的疾病，但却侵犯重要器官而引起严重后果。冠心病即冠状动脉粥样硬化性心脏病，属中医的"胸痹""真心痛"等范畴。其主要病变为心肌缺血或坏死所致心绞痛、心肌梗死等。

（4）益智健脑。国际脑研究组织提出"21世纪——脑的世纪"。因此，如何健脑就显得特别重要。首先需要给大脑供给充足的热能，主要是大量的葡萄糖。山药营养丰富，含有淀粉、蛋白质、黏液质等多种营养素，特别是所含淀粉酶有水解淀粉为葡萄糖的作用，直接为大脑提供热能，对健脑有重要作用。

（5）补虚降血糖，治疗糖尿病。糖尿病是一种常见新陈代谢疾病，类似中医的"消渴"，是危害人类健康的四大疾病之一。中医认为，其病理主要是阴虚燥热所致，表现为本虚标实。而以阴虚为本，燥热为标，两者又互为因果，燥热甚则阴愈虚，阴愈虚则燥热愈甚。山药被称为补虚上品，对治疗糖尿病有较好疗效。

（6）益气补肺，止咳定喘。山药具有补肺益气、养阴止咳、调肺化痰的功效，可治疗肺虚气阴不足、气短久咳、虚喘等。

现代药理研究证明，山药具有营养滋补、诱生干扰素、增强机体免疫力、调节内分泌、镇咳祛痰、平喘等作用，可治疗慢性气管炎。

总之，山药可食可药，药用价值很高，不但可临床应用治疗200余种疾病，而且也是一种很有发展前途、非常理想的保健食物。

第二节　山药优良品种

根据科学研究和栽培实践，在我国适用常规技术栽培的山药，主要有以下20个品种可供选择。

一、河南怀山药

河南怀山药（图7-1），原为河南地方品种。在河南省温县、博爱、沁阳、武陟和陕西省华县等地种植较多。该品种植株生长势强，茎蔓右旋，紫色，圆形，长2.5~3.2米，多分枝。叶片比普通山药小一半以上，绿色，基部戟形，缺刻小，先端尖，叶脉7条，基部4条，有分枝。叶片互生，中上部对生，叶腋间着生零余子。块茎圆柱形，栽子粗短，一般长10~17厘米，表皮浅褐色，密生须根，肉白，质紧，粉足，久煮不散，并有中药味。最长的可达80~100厘米，直径3厘米以上。单株块茎重0.5~1.0千克，重者1.5~2.0千克，适宜做山药干用。每亩可产鲜山药1 500~2 500千克。挖沟栽培的适宜密度为每亩4 000~4 500株。

二、太谷山药

太谷山药（图7-2），原为山西省太谷县地方品种，以后引种到河南、山东等地。该品种植株生长势中等，茎蔓绿色，长3~4米，圆形，有分枝。叶片绿色，基部戟形，缺刻中等，先端尖锐。叶脉7条，叶片互生，中上部对生。雄株叶片缺刻较大，前端稍长；雌株叶片缺刻较小。叶腋间着生零余子，形体小，产量低，直径1厘米左右，椭圆形。块茎圆柱形，不整齐，较细，长 50~60 厘米，直径 3~4 厘米，畸形较多，表皮黄褐色、较厚，密生须根、色深。栽子细短，肉极白，肉质细腻，纤维较多，黏液多，有甜药味，烘烤后有枣香味，易熟，熟后性绵。品种优良，食、药兼用，以药为主，是太谷中药的主要原料。加工损耗率较高，质脆易断。每亩可产 1 500~2 000 千克。

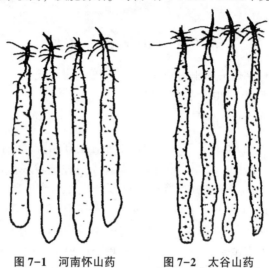

图 7-1　河南怀山药　　　　图 7-2　太谷山药

三、梧桐山药

梧桐山药（图 7-3），原为山西省孝义市梧桐乡地方品种，后来传入河南、山东等地。该品种植株生长势强，茎蔓右旋，多分枝，紫绿色，蔓长 3.0~3.5 米。叶片绿色，较小，基部心脏形，缺刻大，先端长而尖。叶柄较长，叶脉 7 条，基部有 2 条分枝，叶片互生，中上部叶对生，间有轮生。块茎圆柱形，表皮褐色，栽子细而短（8~13 厘米）。块茎长 50~80 厘米，直径 4~6 厘米，瘤大而密、黑色，须粗而长，较坚韧，不易拔掉。零余子多，较大，长 1.5~2.0 厘米，直径 0.8~1.5 厘米，带甜味。肉极白，质脆，易熟，黏质多，黏丝不易拉断，带甜药味，食、药兼用，品质优良。适宜在砂壤中种植，黏壤土也可种植。

每亩可产 2 000 千克。

四、嘉祥细毛长山药

嘉祥细毛长山药（图7-4），原为山东省济宁地区的地方品种，当地称为明豆子。该品种茎蔓紫绿色，蔓长 3.5~4.5 米；叶片卵圆形，先端三角形，尖锐，绿色。叶腋间着生零余子，深褐色，椭圆形，长 1.5~2.5 厘米，直径 0.8~1.2 厘米。亩产零余子 250 千克。花为淡黄色。块茎棍棒状，长 80~110 厘米，直径 3~5 厘米，单株块茎重 1 千克，黄褐色，有一至数块红褐色斑痣。毛根细，外皮薄，肉质细而面，甜味适中，菜、药兼用。亩产山药 1 500~2 500 千克。挖沟栽培的适宜密度为每亩 3 500~4 000 株，沟距 100 厘米，宽 20~25 厘米，深 80~120 厘米，株距 15~18 厘米。

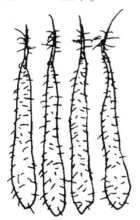

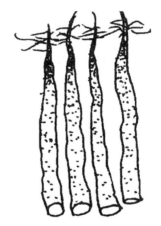

图7-3　梧桐山药　　　　图7-4　嘉祥细毛长山药

五、水山药

水山药（图7-5），原为江苏省沛县、丰县、山东省单县地方品种，又名花籽山药，或称杂交山药，是由当地农民于1965年从毛山药中 1 株不结零余子的变异株选育而成。

水山药是江苏北部的特产。含水量在 86%，品质脆而略有甜味，虽然品质一般，但是做菜的好材料，所以又叫"菜山药"。目前，在江苏西北部、山东鲁西南一带发展很快，据统计，仅丰县一地，菜山药种植面积已达 4 000 多公顷。每公顷产值达到了 10 万元以上。该品种植株生长势强，蔓长 3~4 米，圆形，紫色中带绿色条纹。主蔓多分枝，除基部节间分枝较少外，每个叶腋间均有侧枝。叶片小、黄绿色，戟形，缺刻大，先端长而尖，叶柄较长，叶脉 5 条，基部 2 条多分枝。叶片互生，中上部对生，间有轮生，一株产 2 千克山药的单株，约有叶片 1 800 张。单叶面积为长宽乘积的 25%~30%，平均单叶面积为 5 平方厘米，单叶鲜重 0.134 克，单株累计叶面积 0.9 平方米，单株鲜叶总重 240 克，单株地上部最大鲜重为 380~400 克。每克地上部鲜茎枝叶的光合产物可供给地下部 5 克左右，其中每克鲜叶光合作用产物供给地下可生产鲜山药 8 克以上。光合效率很高，一般田块每公顷产量 45 吨，高产的为 60 吨，最高的可达 75 吨以上。

水山药为穗状花序，花小，黄色，单花，花被 6 个。蒴果三棱状，不结种子。块茎圆柱形，栽子细而短，10~15 厘米长。表皮黄褐色，瘤稀，须根少且短。肉白色，稍带玉青色，光鲜质脆，黏液汁多，块茎直径为 3~7 厘米，长 140~150 厘米，最长可达 170 厘米；单株块茎重 1.5~2.0 千克，最重者可达 6.8 千克，每亩可产块茎 3 000 千克，丰产田可超过 5 000 千克。挖沟栽培的适宜密度为每亩 3 000 株。水山药因为年年用块茎繁殖，又不长零余子，种性容易退化。因此，也有人担心苏北山药产区的水山药会被其他品种所取代。不过，有的山药不结零余子也存在下来了。水山药退化的标志是山药嘴变成紫红色，且逐渐向下发展，应注意观察。水山药栽培选用块茎近茎端长 20~25 厘米的一节切下，是比较可靠的。将其切口蘸生石灰后晒一天，即进行贮藏，翌年清明前 15 天栽植。

六、群峰山药

群峰山药（图 7-6）属于长山药变异的一个新品系。该品种生长势强，主蔓 2~4 个，侧蔓 8~15 个，块茎短而多，长 30 厘米左右（短的 10 多厘米，长的 40 多厘米），单株块茎重 1.0~2.5 千克，重者可达 3.5 千克，亩产 3 000~4 000千克。辽 宁省沈阳市八家子村一户农民用塑料大棚栽培，亩产量达 6 500 千克。

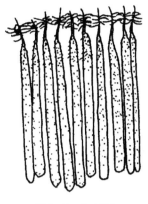 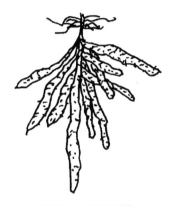

图 7-5　水山药　　　　　图 7-6　群峰山药

　　但因有的植株分枝过多、过细，致使块茎太短，影响商品质量。虽可食用，但最适宜用于加工。1 株可长好几个山药块茎。从分枝部位和分枝特点来看，与普通长山药遇有硬土或石块所造成的分权截然不同。在 1975 年，由辽宁省鞍山市旧堡区农技站从 1 株块茎中部侧面有 10 多个分枝的长山药植株上选择培育而成，是长山药演变来的一个新品系，可供食用和加工。亩栽 2 900 株。当地在温室或火炕上用沙床催芽育苗，温度保持在 17~25℃，湿度保持在 30%~40%，20 天后即可出苗移栽。要求土壤耕层 50 厘米左右。产量较大，但需山药栽子少，所以育苗较为有利。此品种吸收根可达 17~33 条，长达 60~76 厘米。

七、济宁米山药

　　济宁米山药（图 7-7），原为山东省济宁地区品种。该品种生长势中等，长 2~3 米，主蔓多分枝。叶腋间着生零余子较多。

叶片较小，戟形，叶脉 7 条，基生叶互生，中上部对生或轮生。块茎圆柱形，长 80 厘米左右，直径 2~4 厘米，粗的可达 5 厘米。栽子短而细，表皮浅褐色，皮薄，瘤稀，须根少，肉白，黏质多。单株块茎重 0.5 千克，重的达 1 千克。挖沟栽培的适宜密度为每亩 6 000~7 000 株。

八、细毛长山药

细毛长山药又名鹅脖子（图 7-8）。

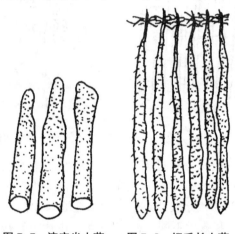

图 7-7　济宁米山药　　图 7-8　细毛长山药

在江苏省北部、河北省南部和山东省西南部种植较多。该品种植株生长势强，蔓长 3 米以上，紫绿色，分枝多，叶腋间生零余子。叶大而厚，深绿色，基部戟状，缺刻小，先端钝。叶柄长，叶脉 7 条，基部两条叶脉各有 1 个分枝。基生叶互生，分枝上的叶片多对生。穗状花序。块茎圆柱形，栽子细而长（可达 25~30 厘米），表皮褐色，瘤多，须根多而长。肉白色，质地紧实，黏质少。块茎长 100~140 厘米，直径 3~4 厘米。单株块茎重 1 千克，亩产 2 000~2 500 千克。挖沟栽培时适宜密度为每亩 3 000~4 000 株。

九、农大短山药

农大短山药系列品种（图7-9），是中国农业大学山药课题组从国内外引入的27个长山药品种中，经过10多年的现代优化设计试验，所选育出的一个新品种系列（已获得国家发明专利，专利号：03109078.8）。该品种系列包括农大短山药1号（菜药兼用型短山药）、农大短山药2号（菜用型短山药）、农大短山药3号（药用型短山药）3个新品种。短山药用大零余子播种，必须催芽播种，单个种子5克以上，间苗后保留每亩8 000~9 000株。短山药用头年1~2克小零余子繁殖的小整薯做种薯亦可。短山药用山药段子制备种薯，可将山药块茎按5~6厘米分切成段，分段时要将每段上端和下端统一用墨汁做好记号，以保证摆种时分布均匀。每块段子50~60克。分切时应注意保留每块段子上的皮层，否则将来不能萌芽。种薯切块后，可埋在湿沙（不可带水）里催芽。种薯排列一层，铺一层湿沙，湿沙每层厚2~3厘米，总厚度30~40厘米即可。最外层用薄膜覆盖好。待芽吐出1~2厘米时，即可取出栽种。一代零余子收获后用麻、布袋盛种，7~10℃下保存，来年催芽播种为佳。分切山药段子必须选在晴天进行，一般在播种前1个月进行为好。使用分切的刀具要消毒，分切后将段子切口处沾一层石灰或多菌灵粉剂，以减少病原微生物侵染。种薯切块后，要经过日晒3~4天，每天翻动2~3次，当种薯断面向内收缩干裂时即可开始催芽。

农大短山药1号（菜药兼用型短山药）。其性状表现为块茎质硬，雪白，粉性足，药性好，黏液汁较多，烘烤后有枣香味。新鲜块茎的含水率80%，粗蛋白含量2.39%，黏度164厘泊，锌含量2.7微克/克，锰含量3.6微克/克。生食、熟食、加工制药皆宜，尤其适合小孩和老人冬春两季作为补品食用。该品种植株生长势中等，茎蔓长3~4米，断面圆形，绿色。基部叶片较大，互生，上部叶片对生，也有轮生的，叶长7~15厘

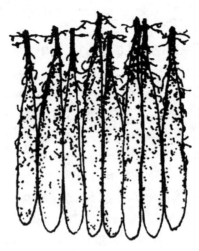

图7-9　农大短山药

米，叶宽3~5厘米，三角状卵形，尖头，叶色较深，叶质较厚，缺刻较浅，叶柄较长，叶脉7条。叶腋间着生零余子。一代零余子椭圆形，长1.6厘米，直径1.1厘米，表皮褐色。块茎长棒形，长35~45厘米，直径为3~4厘米，单重250~300克，每亩产量为1 200~1 800千克，特别适合北方的黄棕壤以及石灰性土壤种植，病虫害极少。该品种是雄株，穗状花序，每个花序有16~18朵雄花。雄花无梗，乳白色，有6个雄蕊、花丝和花药，中间有残留的子房痕迹，在晴天傍晚开花。块茎表皮褐色。有吸收根9~15条，须根较多，较细，一般应搭架栽培。该品种掘沟浅，深度不超过50厘米，省工效果明显，易于管理，非常适合山药高品质栽培。

农大短山药2号（菜用型短山药）。其性状表现为块茎肉色雪白，粉性足，黏液汁很多。新鲜块茎的含水率82%，粗蛋白含量2.01%，黏度158厘泊，锌含量1.5微克/克，锰含量1.2微克/克。生食熟食皆宜，熟食发面发沙，味道微甜，适合小孩和老人食用。该品种植株生长势中等，茎蔓长3~4米，断面圆形，绿色。基部叶片较大，互生，上部叶片对生，也有轮生的，

叶长 7~15 厘米，叶宽 3~5 厘米，三角状卵形，尖头，叶色深
绿色，叶质较厚，缺刻较浅，叶柄较长，叶脉 7 条。叶腋间着
生零余子。一代零余子椭圆形，长 1.8 厘米，直径 1.2 厘米，深
褐色。块茎长棒形，长 40~45 厘米，直径为 3~5 厘米，单重
300~400 克，每亩产量为 1 400~2 100 千克，适合沙壤土和壤土
种植，病虫害较少。该品种是雄株，穗状花序，每个花序有 15
~18 朵雄花。块茎表皮灰黄色。有吸收根 7~11 条，须根较少，
较细，一般应搭架栽培。该品种掘沟浅，深度为 50~60 厘米，
省工效果明显，易于管理，非常适合山药高品质栽培。

农大短山药 3 号（药用型短山药）。其性状表现为块茎质
硬，雪白，粉性足，药性好，黏液汁较多，有甜药味。新鲜块
茎的含水率 75%，粗蛋白含量 2.93%，黏度 231 厘泊，锌含量
3.9 微克/克，锰含量 1.8 微克/克。该品种植株生长势中等，茎
蔓长 3~4 米，断面圆形，绿色。基部叶片较大，互生，上部叶
片对生，也有轮生的，叶长 6~13 厘米，叶宽 3~4 厘米，三角
状卵形，尖头，叶色较深，叶质较厚，缺刻较浅，叶柄较长，
叶脉 7 条。叶腋间着生零余子。一代零余子椭圆形，长 1.5 厘
米，直径 0.9 厘米，深褐色。块茎长棒形，长 35~44 厘米，直
径为 2.5~3 厘米，单重 200~300 克，每亩产量为 1 000~1 500
千克，特别适合壤土种植，病虫害较少。该品种是雄株，穗状
花序，每个花序有 13~15 朵雄花。雄花无梗，乳白色，有 6 个
雄蕊、花丝和花药，中间有残留的子房痕迹，在晴天傍晚开花。
块茎表皮浅褐色。有吸收根 7~9 条，须根较多，较细，一般应
搭架栽培。该品种掘沟浅，深度为 40~50 厘米，省工效果明显，
易于管理，非常适合山药高品质栽培。

十、麻山药

麻山药系河北省蠡县地方品种（图 7-10），在河北高阳、
安国县亦有大量栽培。茎蔓细长，绿色或紫绿色。叶片对生或
三叶轮生，叶片三角状卵形，绿色。叶腋间生零余子，大而多。

块茎圆柱形，长60~70厘米，最长可达80厘米，直径为7~8厘米。表皮暗褐色，粗糙。须根较长，粗而密。块茎单重280克，整形好，皮厚，质地细软，含水分多，肉白，品质好。生长期180天左右。不宜在盐碱地栽培，喜疏松肥沃土壤。每亩产量为2 400千克。10月中下旬刨收。栽培前，施足底肥，做畦，行距60~80厘米，株距15~20厘米，开沟后将种薯放入沟内，覆土。苗高15厘米时插架。7月上旬开始增加浇水次数，追肥一次。4月上旬切段播种，每段长15~20厘米。

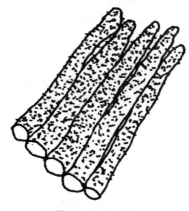

图7-10　麻山药

十一、陈集山药

山东省定陶区陈集山药有着悠久的栽培历史和独特的山药文化，山药种植已有2 400余年历史。陈集山药主要有西施种子、鸡皮糙两个品质优良品种。

第三节　山药的栽培技术

一、种薯制备

栽培山药需事先制备种薯，种薯的质量好坏直接影响山药块茎的产量和品质。常规的种薯制备方法有3种：第1种是使用山药栽子，第2种是使用山药段子，第3种是使用山药零余子。

（一）使用山药栽子制备种薯

山药栽子，也叫山药嘴子。在山西、河南产区又叫芦头、龙头，或山药尾子，也有叫凤尾或尾栽子、种栽、毛栽子的。因为它是山药块茎上最细长的部分，向前看是龙头，朝后看又似凤尾。山药栽子是山药块茎上端有芽的一节，在收获山药时获取。要求作为山药栽子的块茎颈短、粗壮、无分枝和病虫害。山药栽子一般长17~20厘米，太短了影响产量。

一个完整的山药栽子，应该包括三部分。最上面一个突起的小瘤，就是山药嘴，也叫山药嘴子。这个部位地方不大，却连接四方，看上去并不起眼，作用却非同小可。山药嘴既是山药植株地上部茎叶和地下部块茎的连接部分，以及养分与水分运输的必经之处，也是种薯向山药植株提供营养的通道，这里还有最具活力的隐芽。山药一生仅有的10条左右的吸收根，也是从这里出发伸向四方的。这个1立方厘米甚至不到1立方厘米的地方，用放大镜看，正上方是地上部茎蔓在秋冬枯萎后断离留下的主茎遗痕，约4平方毫米大小。主茎遗痕的一侧，就是隐芽的部位，稍具营养，略微突出，翌年春暖后萌发成苗。同时，还有零余子或是山药栽子等种薯留下的斑痕。结果就形成了较为膨大而又粗糙的山药嘴，七扭八歪，斑痕累累。山药嘴是山药栽子的重要部位，在山药收获、运输和贮存过程中，都应重点保护，不得伤害。山药栽子年龄越大，嘴部斑痕也越盛。

山药嘴的下边一节细长的部分，叫二勒。也叫栽子颈部或颈脖子、细脖子、长脖子等。约占山药栽子长度的1/2，一般长度为10~15厘米。二勒部分越细长，下面较粗的块茎部分越需要留得长一些，长度应较二勒部分略长。二勒下边这一段较粗的部分，一般称底肚，也就是山药栽子的基部，长度为10~17厘米，是山药栽子养分最多的部位（图7-11）。

怎样制作山药栽子呢？首先是掰栽子，掰栽子一般与山药

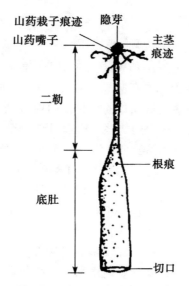

图7-11　年生山药栽子示意图

的收获同时进行。10月下旬，山药地上部茎叶萎黄时开始挖掘
山药。山药挖起时选择脖颈短粗、芽头饱满、健壮无病、无虫、
无分杈、色泽正常的山药块茎，将栽子掰下，长度各地不一，
一般是15~21厘米长。太短了影响产量和品质。多数人是在收
获时将其用手掰下，故名掰栽子。也可用刀把它切下，就叫切
栽子。

　　栽子掰下后，晾晒4~5天，下面铺上高粱秸箔，不可放在
土地上，为的是让栽子表面的水分蒸发，加快断面伤口愈合。
在北方大部分地区都是这样晒干的。南方一些地方则是在截取
栽子后，放在室内通风处晾一周左右，栽子稍干燥后妥为贮藏。

　　山药栽子截取后，存放到翌年种植。按4月下旬播种时算
起，其间相隔6个月。在这半年时间内，必须对山药栽子妥为
保存，避免腐烂变质，影响翌年的山药栽培。在山西、河北等
地多用沙贮存。贮存时，一般在室内铺一层河沙，最好铺得厚
一些，约15厘米，在沙上铺一层栽子。然后铺一层沙子，放一
层栽子，如此反复，直至80~90厘米高为止。最后，在顶上盖

一层稻草，即可过冬。有地窖的家庭可以将山药栽子存入窖。在南方，可将其放在干燥的屋角保存。但均需一层栽子一层较为潮湿的河沙交替存放 2~3 层，并在最上部盖上草苫等物，以防冻保湿。同时，应注意使温度保持在 0℃ 以上。在贮藏过程中，还要经常检查。如发现河沙过干或过湿，均应及时调整。山西一些地方只用干沙，不用湿沙，以防腐烂。

翌年春暖终霜后，开始栽种。最简单的办法，是先将栽子拿出去晒太阳催芽，待全部萌动后即可栽种。栽种时，行距为 1 米，株距为 20 厘米，沟深为 6~7 厘米，将种薯朝着同一方向，摆在沟底，覆土后在外表上再盖一层厩肥，然后浇水。也可在摆栽子前在沟中先烧小水，水渗后将栽子按规定距离压入土中。栽子种毕，在沟两边用锄开 2 条深 10 厘米的沟，施上肥料，然后覆土。

在一般情况下，山药栽子的截取与山药收获同时进行。秋冬收的山药，其栽子在秋冬切；春季收的山药，栽子在春季截，从冬前到暖春，随收随掰，但切记要在收刨时防冻。特别是在进行集团收刨出售时，如果组织不周，只顾了刨山药，装山药，卖山药，对切取的山药栽子保护不够，使栽子受了冻，则会影响下一年的山药栽培。

另外，就是要注意消毒卫生，最好在切取的当时，用草木灰或生石灰沾住切面，以防病菌感染。生产再忙，也不能忘了切取山药栽子时要注意消毒，保护栽子。当然，也不能冻坏了山药块茎。有些地方为了安全起见，在冬前收山药时，不切下栽子，使栽子连同山药块茎一起入窖贮存。这样，可以没有断面，减少病菌感染的机会。但是，山药块茎过长时，运输、装箱和贮存都不方便，很容易被折断。不过，论山药栽子的质量，肯定是春季截取的要好。因为经过一冬春的田间贮存，块茎也得到了进一步的充实，重量可以提高 9% 左右，山药栽子当然也比冬前的要充实得多，只是冬季寒冷地区，要保护好田间的山药嘴部分，避免它受冻。冬前收获块茎时，不要将栽子切下，使它连同山药块茎一同贮存。这对山药栽子的充实和保护也有不少好处，可使翌年的播种安然无恙。

对于不同重量、不同生长年限以及不同类型的山药栽子，综合考虑其对于山药产量和品质的影响，可以将其分为四个等级。

一级山药栽子：重量为100~120克，年限为2~4年生，类型为虎脖芦头，顶芽健全，表面光滑，无病斑虫眼。

二级山药栽子：重量为100~120克，年限为2~4年生，类型为鹰嘴芦头，顶芽健全，表面光滑，无病斑虫眼。

三级山药栽子：重量为40~50克，年限为2~4年生，类型为虎脖芦头和鹰嘴芦头，顶芽健全，无病斑虫眼。

四级山药栽子：使用5年以上的山药栽子。

在山药栽子的4个等级中，水山药的栽子可稍大一些，特产药山药的栽子可适当小一些。

（二）使用山药段子制备种薯

在几千年的山药栽培中，都是"用芦头（栽子）来生产山药，珠芽（零余子又称山药豆）用来育苗"。山药段子只在山药栽子不足时才使用，这些都是有道理的。因为只有山药栽子才有顶芽，也叫定芽，而山药段子只有侧芽，也叫不定芽。顶芽的优势和作用是侧芽无法相比的。定芽只有一个，这是山药取得优质高产的可靠保证。但是一个山药只有一个定芽，因而也就只能有一个山药栽子。这就势必限制山药的大面积发展。

再说，山药的不定芽也有一定的强势，只要利用得好，产量和质量也非一般。尤其是水山药，由于块茎个大体粗，一根山药的长度达到了1.5米左右，其不定芽的饱满程度绝非一般的绵山药所能相比的。再加之优越的地理和肥水条件，其不定芽的发育是相当好的。像江苏省丰县的山药种植者，用山药开沟机旋耕1.7米深的疏松土层，用200克重的大块山药段子作种，施入足够的优质基肥，又定期在叶面喷施生长调节剂和各种微量元素肥料，并采取综合有效的防治病虫害等技术措施，因而取得了非常可观的栽培效果。其一个县的山药栽培面积为4 000公顷，几乎和日本全国的长山药栽培面积相当，而且每公顷取得了45吨的高产，最高的每公顷可达75吨。

水山药适宜用山药段子繁殖播种，那么绵山药呢？据一些栽培者反映，只要土层深一些，段子大一些，肥料适当，病害轻一些，用山药段子播种繁殖，其表现也是相当不错的。只要栽培措施跟得上，就能在很大程度上减少用山药段子播种所带来的不利影响。再一个就是要正确对待和利用山药块茎客观存在的顶端优势，这对提高山药段子的利用价值也是大有好处的。

山药段子都是在春季播种前1个月左右准备好。所谓山药段子，就是山药块茎按8~10厘米的长度切成的小段。小段也可以长一点。每块段子重30~40克，也可以再重一点。分切时，应注意保留每块段子上的皮层，以免损伤不定芽，导致将来不能萌芽。山药段子不宜切得太小。切小了，不但容易腐烂，不出苗，而且即使出了苗，所形成的块茎也形体偏小，产量很低。但也不能切得太大。切得太大了，不仅增加种薯的用量，也会使山药生长前期枝叶过于繁茂，影响后期结薯，降低商品质量。

用山药段子作种薯催芽后定植，是比较先进的栽培方法，不但能够提高出苗率和出苗质量，而且由于催芽是在早春室内温床或暖炕上进行的，因此能够缩短山药块茎在田间的生长周期，增加块茎最终产量。山药种薯的催芽，应选择地势高燥、背风向阳、无病虫害的地方进行。一般当薯块上有白色芽点出现时（长度不超过1厘米），即可定植。

（三）使用零余子制备种薯

零余子（山药豆），就是山药蔓的腋芽肥大而形成的珠芽，常呈不规则的圆形或肾脏形，小者如玉米粒，大者似拇指（图7-12）。秋末成熟后摘收，除可食用外，也是栽培的良种。尤其是当山药栽子连续种植3~4年后，逐渐发生退化，产量和品质均明显下降，不宜再作繁殖材料，这时候就必须采用零余子进行更新复壮。

可以说山药最初的种薯来自零余子，零余子是山药特殊的种子。第一年秋季，在收得零余子后，选择大型的健康的零余子沙藏过冬。翌年开春后，在霜冻结束前半个月播种。当年秋季，收取小块茎供来年作种用。作种的块茎就是一般称呼的"三年大栽子"。因为带有顶芽，又不切段，当然是栽子，不能说是段子。这就是新栽子，是用来更换老栽子用的。每隔3~4年就得更换一次，以便复壮更新，防止品种退化。这一措施对于山药的高产优质栽培非常重要。

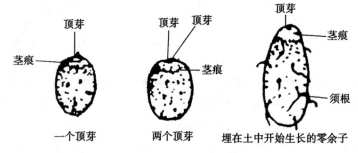

图7-12　零余子的构造

人们如果注意观察的话，就会发现零余子是在枝蔓下垂的叶腋间较多，而且在遮光的情况下较多，也较大型。在植株发芽甩蔓一直向上旺盛生长的时候，是不会有零余子的。到了6月下旬以后，茎叶繁茂生长，昼间的光合作用在叶中生成的同化产物，一部分供给地上部发育消耗，一部分要在夜间积蓄在地下块茎中，同时还会促进垂下来的茎蔓开始产生零余子。实践证明，重力在茎蔓向上生长的时候，会促进同化产物的移动，而茎蔓垂下来时，同化物质的转移明显受到抑制，结果就会在下垂的茎叶中蓄积，这就是叶腋间产生零余子的原因。这就是说，枝叶下垂和遮光有利于零余子的形成。

在每年8—9月零余子成熟后，选择外形端正、粒大粗壮、毛孔稀疏、有光泽的零余子做用。选采要在晴天进行。应仔细剔除退化的长形种豆，特别要除去毛孔外凸者。然后用桶或箱等容器，将零余子和细沙混合贮存。对于零余子的皮色，一般应选赤褐色的。肉色则应选洁白的。至于形状，因为零余子多为不规则的圆块状、四棱形、肾脏形、三角状等，以饱满一些为好。稍有萎缩就应剔除。擦破皮的，有病斑的和被虫食过的，也不能选用。在贮存期间，应注意保持一定的温度和湿度。大量贮藏时，最好在不加温的房间、门道和过道，环境温度一般不要低于0℃。温度太低时，四周要围好草席，上面也要盖上秸草或其他的草。但是，有经验者多是将它和细沙一起混合贮存。这样，较易保持一定的温度和湿度，也很少出现烂种。

零余子打落收获后，必须经过5~6个月的休眠，才能成熟，具有生根发芽的能力。这是为什么呢？因为零余子中含有山药素。山药素这种物质只有在零余子的皮中才有。它可以抑制生长，促进休眠。刚刚采收的零余子，体内山药素含量最多，必须经过一个漫长的层积期或贮存期，完全休眠的零余子才能逐渐减少山药素的含量，达到完全成熟的程度，萌发新的植株。也曾有人试验，人为地打破零余子的休眠期，希望在年内产生植株，以缩短用零余子繁育山药的年限，但很难突破。

零余子育苗的面积依大田需要决定，一般情况下可采用1：6或1：8的比例，也有人采用1：10的比例。具体面积的确定，可视零余子质量与育苗条件灵活掌握。在同样情况下，长山药育苗面积可大一些，扁山药的育苗面积可适当小一些。比如说，长山药的育苗面积是25平方米，而作为扁山药来说，有15平方米的育苗面积就够了。

二、适时定植

山药的定植期，因各地气候条件不同而有差异。一般要求地表地温（距土面5厘米以内）稳定在9~10℃后即可定植。春暖较早的地区，如闽南及两广可在3月定植，四川一般在3月下旬至4月定植，鲁西南地区一般在4月上中旬定植，华北大部分地区在4月中下旬定植，东北地区一般在5月上旬定植。

各地普遍认为，只要地表不冻，定植越早越好，早定植可使山药根系发达，生长健壮，块茎产量增加。山药地下部在初期的生长情况如图 7-13、图 7-14、图 7-15 所示。

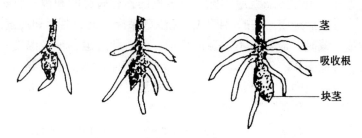

图 7-13　新山药块茎形成与吸收根出生示意图

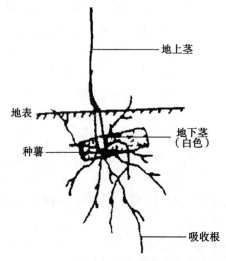

图 7-14　出苗 18 天的山药植株

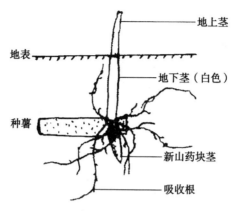

图 7-15　出苗 40 天的山药地下部分

　　传统的山药定植方法，是用锄头沿深沟的标记开浅沟，浅沟位于山药垄（畦）的中央，深 8～10 厘米，将种薯纵向平放在沟中，以芽嘴为准均匀铺开，间隔 25 厘米左右。如果是熟土，可适当再缩小间隔，最小间隔可为 15 厘米。然后，覆土填平，轻踩，这样便于生根发芽。在定植前，一定要保证土壤底墒充足，定植后不再浇水，以促进山药幼苗的根系下扎。

　　根据吉林省的栽培经验，从种薯催芽至幼芽长至 3～5 厘米期间，可于晴天将装有种薯的育苗箱搬出室外炼苗 5～7 天。当室外气温达 8～10℃，幼苗呈深紫绿色时，再进行定植。在山东鲁西南地区，种植前栽子晒 7～10 天，根段晒 15～20 天。种植前要催芽，当芽生长至 1～1.5 厘米长时栽种。经过抗寒锻炼的山药幼苗，定植后缓苗快，成活率高，遇到一般轻霜冻不致影响生长。采用这种方法定植时，幼苗可部分露出土面，不必全部埋住。如果提早定植，则扣上地膜为好，产量可以提高 10%～30%。扣地膜时，要注意给山药苗预留空间位置。

　　在我国南方江苏、广东等地种植山药前，还要在山药地周围深挖围沟，深 1 米左右，宽 0.6～0.8 米，并与外沟相通，以保证雨季迅速排水，不致淹涝山药块茎，防止造成腐烂。

三、适量浇水

由于山药叶片正反两面均有很厚的角质层，所以比较耐旱，抗蒸腾作用比较强。一般在山药定植前浇 1 次透水后，定植覆土后不再浇水，一直到出苗后 10 天左右再浇定植后第一水，而且浇水量要小，不能大水漫灌，俗称"浇浅水"。由于各地土壤质地和气候条件不一致，浇第一水的时间可以灵活掌握，原则上出苗长度不足 1 米时不宜浇水，这样有利于山药根系向下伸展，增强抗旱力。有些地方习惯于在浇第一水时，随水施肥，主要是施"粪稀"，这种做法并不可取。试验表明，这个时候山药苗需肥量小，如再进行追肥，不但效果不好，还容易烧伤幼嫩的根系，可谓"费力不讨好"。浇第一水时，可用锄或耙在垄（畦）上开一条小沟，在沟中浇水，使水逐渐下渗。有的地方在整地时如已预留畦（垄）沟，就不必再另开小沟，在原畦（垄）沟内浇水就可以了。浇第一水的时间虽不宜过早，但也不能太晚。山东省泰安地区种植长山药有句农谚："旱出扁，涝出圆。"这就是说，尽管山药比较耐旱，但要获得好的收成，土壤也不可过于干旱。土壤过分缺水，尽管山药也能存活，但所产块茎是扁形的，商品价值较低，而且产量也要下降。如果有良好的灌溉条件，长出来山药块茎是圆柱形的，产量和商品价值都比较高。

山药浇完第一水后，植株生长很快，待 1 周以后可浇第二水。第二水亦不能浇大水，也要"浇浅水"。在这个时期，由于日照比较充足，气温比较高，蒸发量大，浇水以后土壤容易板结，因而要注意用浅齿耙等工具将板结的土面耕成虚土。否则，土壤板结，既不利于保水，还会绷断幼嫩的根系。一般在浇第三水时，可以加大水量，以后注意保持土壤见干见湿的状态。总之，随着山药植株生长旺盛期的到来，需水量不断增加，所以应及时调整浇水量，满足山药生长对水分的要求。由于我国南方诸省湿涝多雨，因此在浇水时应考虑这一因素，雨水能及时补充的，则不再另行浇水。雨量大时，还要注意排水，不可使山药植株淹涝。否则，会严重影响植株正常生长，有时候还会导致整个植株"泡死"。挖好排水沟，是防止淹涝的一个好办法，不可忽略。立秋以后，为促使山药块茎增粗，防止继续伸长，可灌大水1次。这时灌大水，具有抑制块茎继续下扎而起到向扩粗方向发展的作用。

山药生长对水质的要求不严格，河水、井水、湖水、雨水、自来水均可，但要保持水质清洁。工厂排出的污水等，不能作为灌溉用水。有关试验表明，施用富含有害重金属元素的排污水，则显著增加山药块茎体内的重金属元素含量，会对人体健康造成严重损伤。如果水质污染过于严重，山药植株则不能完成生长周期，大部分会中途死亡。

覆盖地膜是近期兴起的新技术，但在山药栽培中使用较少。主要原因是地膜成本较高，仅能1次性使用，铺膜又比较费事（尤其在山药高垄栽培中不容易铺膜），对整个山药生产所起的作用也不十分明显。地膜的保温作用，在蔬菜栽培中效果明显，但由于山药是高架栽培，大部分生长时期枝叶繁茂，地面基本被枝叶遮住而不能透光，所以在栽培山药中地膜的保温作用不大。地膜的另外一个作用是节水，通常能节水 $10\% \sim 25\%$，但山药产区一般不缺水，灌溉条件都不错，因此地膜的节水作用并不被多数种植山药的农民所欣赏。在气候寒冷地区栽培山药，铺地膜还是十分必要的。根据吉林省白山市浑江区的栽培经验，山药定植后扣上地膜，能使块茎的产量增加 28% 以上。其增产原因，主要是地膜起到了提高地温的作用，另外也兼具保水保肥的功效。此外，在炎夏的季节，还可以铺黑色薄膜，以降低块茎生长土层的地温，促进块茎正常肥大。

以上主要介绍了山药栽培中浇水的基本原则。然而，在实际生产中，由于各种条件经常有较大的变化，所以需要灵活掌握，摸索出一套适于当地条件的灌水方式。总之，凡是在沙壤土上栽培山药，浇水要少而勤。在黏壤土上栽培山药，由于保水性好，在满足山药正常生长的前提下，采用何种方式浇水均可。

四、及时中耕除草

由于山药出苗后生长很快，所以中耕除草只在早期进行。中耕要求浅耕，只将土壤表面整松即可。在山药生长过程中，一般杂草的生长也会很旺盛。为避免杂草争夺养分，应及时拔除，但应注意不要损伤块茎和根系。现在有的山药产区，在定植后用喷洒除草剂来灭除杂草，效果不错。施用除草剂，适于山药大面积栽培。江苏农民在山药播种后至出苗前，趁雨后土壤墒情较好时，每亩用48%氟乐灵乳油150~200克对水50千克，均匀喷洒土面，喷后浅耧，效果较好。中国台湾地区农民习惯用34%施得圃（Stomp）乳剂250倍稀释液，喷洒土面，每公顷用药量为4千克，效果也很好。

需要注意的是，应该根据杂草发生种类，选择合适的除草剂。以禾本科杂草为主的发生地区，可采用氟乐灵、地乐胺和除草通；以荠菜、灰草为主的杂草，可用利谷隆和除草醚。不管采用哪一种除草剂，都必须在杂草萌发前或杂草刚萌发时施用，这样除草效果才有保证。如果用药偏晚，杂草大量出土，则影响除草效果。在沙性土壤上栽培山药时，禁止使用扑草净，否则易对山药产生药害。现在的除草剂产品良莠不齐，所以在正式使用前必须做小面积试验，观察除草效果。

需要说明的是，如果是进行有机山药栽培，在整个栽培过程除草剂是禁止使用的。

五、精细采收

山药的收获时间很长，是食用农作物中收获时间最长的庄稼。有的地方一进8月就收山药，有些则在翌年4月才挖掘，这中间前后相差有8个月的时间。在这段时间内，可以根据市场需求、气候状况、劳力条件、合同期限、自家食用需要等情况，以及贮存设备的多少和大小，随时收获山药。按收获集中时间的不同，一般可分为夏收、秋收和春收。收获时，要认真仔细。既要将山药挖收干净，防止遗漏，又要使山药完好无损，不受伤害。真正做到丰产丰收，收尽收好。

一般在山药栽种当年的 10 月底或 11 月初，当地上部分发黄枯死后，即可开始收获山药块茎。山药收获的一般程序是：先将支架及茎蔓一齐拔起，接着抖落茎蔓上的零余子（山药豆），并将地面上掉落的零余子收集起来。然后，就可以收获山药块茎了。

图 7-16 山药铲（厘米）

扁形种和块状种的山药块茎较短，比较容易挖收。长山药的块茎较长，难以采收，如果采收技术不熟练，块茎破损率是很高的。华北地区采收长山药的方法是：从畦的一端开始，先挖出 60 立方厘米的土坑来，人坐在坑沿，然后用特制的山药铲（图 7-16），沿着山药生长在地面上 10 厘米处的两边侧根系，将根侧泥土铲出，一直铲到山药沟底见到块茎尖端为止，最后轻轻铲断其余细根，手握块茎的中上部，小心提出山药块茎。一定要精细铲土，避免块茎的伤损和折断。收获脚板苕的方法是：在挖出 60 厘米×60 厘米或 70 厘米×70 厘米的土坑后，再向下挖 30~40 厘米，即可把比较长的脚板苕完好无损地挖取出来。不论是挖收哪一种山药，一定要按着顺序，一株一株挨着挖，这样既能有效减少破损率，又能避免漏收。日本近年来采用"水掘法"收获山药，即采收前向山药地灌水，然后用力拔出山药。但这一方法只适用于沙地土壤，对黏壤土则效果不好。

一般认为，收获山药块茎晚一些为好。华南地区不要早于 7 月，长江流域不要早于 8 月，华北地区不早于 9 月中旬，东北不早于 9 月底。山东鲁西南采收在 10 月 20 日至翌年 3 月 20 日前进行。总之，各地均应掌握在山药块茎生长盛期的后期收获，早于这个时期，山药的基本产量还没有完全形成，对收成影响比较明显。但为了满足淡季市场的需要，山药也可在生长盛期的中期收获，这时收获的块茎虽然未充分长大，品质不好，但售价较高，经济效益还是不错的。在江淮流域及其以南地区，山药块茎可以留在地里，一直延至翌年 3—4 月采收。在华北及东北地区，一定要在初霜前采收完毕，否则山药块茎受冻后，严重影响品质，商品价值大大降低。

（一）山药的夏收

8—9 月挖起的山药，特别是 8 月上旬收得的山药，都还没有完全成熟。就是在我国气温较高的华东地区，这时的山药也还是没有完全成熟。所收获的新山药品质较差，如水分大，干物质率低，碳水化合物比 10 月下旬收获的山药少 10%。而且从土中挖起后最怕太阳直晒，再加之 8 月的太阳光照还很厉害，山药一晒，其块茎就萎蔫。因此，一定要小心收获。最好是预先联系好市场和买主，做到随要随收，随收随卖。收获时，山药块茎上应多带些泥土防干保湿，以免失水萎蔫，降低质量。在收获后，也需注意保护，特别是在包装、运送的过程中要小心。可以将枝蔓围在山药四周或盖在上面，一次性送到收购点，切不可来回倒腾。收获时，细根不要去掉。越是早收的山药，细根越是存有活力。因此，不要去细根，而应将块茎连同细根泥土一齐上市，以便保证质量，不致因失水而下降。

另外，在8—9月高温期所提前收获的山药，只能煮着吃，蒸着吃，也可以做拔丝山药、山药扣肉、红烧山药、蒜苗炒山药、罗汉排骨、喇嘛素糖醋三样等，但最好不要做山药元宵、山药饼、山药豆馅蒸糕、山药玉米油炸糕，以及扁豆山药粥、山药枸杞粥、山药豆沙包子、山药汤圆、山药泥和山药糊等。因为这时的山药，含水量大，干物质少，质地脆嫩，吃起来不太面，口味差。

最为忌讳的是，不能用来加工山药汁、山药酸奶、山药蜜汁、山药果酱、山药清水罐头和山药饮料等制品，特别是不能制作山药干和山药粉。不能做山药汁、山药饮料的原因，是所做出的饮料产品，很容易变成红色、褐色，或是紫褐色，这都是因为山药的褐变而引起的。8—9月收获的山药褐变最甚，收得越早，褐变越多。用这时收获的山药所加工的饮料产品，其品质将受到严重的影响。不能做山药粉和山药干的原因，主要是这时收获的山药水分多，干制太不合算，粉制营养较差。

早收的山药是不能制药的。药性差的山药，将会降低所有用山药配伍的中成药的药性，这就影响太大了。所以药厂的收购员绝不会在8—9月到产地去收购现采的山药。这不仅是因为这时候采收的山药，皮不硬，色不白，质地脆，一碰就断，既不好装，又不好运，更主要的是这时收获的山药，水分多，干货少，药性差，药味不浓。其他的条件即使可以对付，但药性差是不能含糊的。8月的山药，块茎正处于充实的关键时期。虽说这时候山药的外形已经长得很像个山药了，无论是长短，还是粗细，似乎都已经长到标准规格，但其表皮的颜色、肉质的颜色、硬度和风味，与10月底收获的山药都相差甚远，不能比拟。除水分多了10%~15%之外，淀粉的含量、蛋白质的含量、糖蛋白和维生素的含量，钾、钙、铁、锌、铜、锰、锂等矿质元素的含量，尤其是山药皂素、多巴胺、多酚氧化酶、尿囊素、碘质、胆碱以及脱氢表雄酮等多种延缓衰老、恢复青春、根治疾病的重要成分，几乎都未达到固有的含量，这怎么能用来做药呢？所以，对于山药的夏收，一定要持慎重的态度。

（二）山药的秋收

山药的秋收是传统中普通的收获，一般从 9 月下旬以后到 11 月进行。这时，山药植株地上部已渐枯萎，霜冻将至，应该在地冻之前将其收获完毕。这个时候收获的山药，主要应注意防冻，尤其是东北和内蒙古自治区等地，冬季温度偏低，更应注意防冻。在初霜来临较早的北方，应在初霜前将山药收获完毕。

山药收获是先将支架和枯萎的枝蔓一起拔掉，接着抖落茎蔓上的零余子，并全部收集起来。再将绑架中的架材抽出，整理好，消毒后进行贮存，以备翌年使用。将拔起的枯萎茎蔓和地上的落叶残枝，全部清理干净，集中处理，以免茎蔓和残枝落叶所带病菌扩大感染。尤其是连茬种植山药的田块，更需谨慎行事，消除病原。

地面清理干净之后，开始挖沟收获山药。收获之前，将山药铲、箩筐、绳子、石灰等应该准备的工具用品全部备好。自家的小块山药地，可以选晴天，全家出动，一次收完，或是按计划收完。商品基地大面积栽培的山药，收获前应与收购单位、挂钩市场或外销部门联系好收购事宜，并准备好汽车和马车，以便收获作业开始后，人到车到，紧密配合，统一指挥，分工协作，各负其责。人手要够，组织要好。要按顺序一棵一棵地收，挖的挖，提的提，一切运输、包装、上车、下车等活动都应有条有理，井然有序。工作认真，处处小心，将山药的损失和伤害减少到最低程度。根据商家或商量好的意见，将若干根山药扎作一捆，或若干根山药装作一筐，都应准确无误，一次到位。也可以将所收获的山药直接贮藏入窖，或就近上市。做到生产者满意，商家满意，顾客满意。

在收获中，要特别注意的是，千万要保护好山药嘴子。不要只顾挖山药、装山药、卖山药，而忽略了要正确地截下山药嘴子。山药嘴子一经切下，就应在断面上沾好石灰粉，或者是

70%代森锰锌超微粉，及时进行杀菌消毒。

如果在山药收获适期，没有合适的客商配合收购，或是因为价格谈不拢，不合算，北纬40°以南地区就可以暂时不收，等待机会再说。收获长山药，是很费力且需要技巧的劳动，尤其在较为黏重的土地上收获，一个人一天只能挖20米长的沟，即使砂土地也不会超出30米。在收获适期，劳力不足时，也可以暂时不收，仍将山药留在田间，只是在冬前应用土将山药沟盖上。盖土应依地区的不同而采用不同的厚度。如在山东菏泽、济宁一带，盖土厚度是15厘米左右。也可以盖草保温，还可以盖上塑料薄膜。这样做的目的，主要是保护山药嘴子不受冻害。山药的食用部分，在地下30厘米以下的深土层内，一般是不会受冻害的，可以安全度过整个冬天。

在山东省菏泽、济宁地区，收获山药的方法是"白露打，寒露刨"。即在白露节气时，先打落山药豆（零余子），寒露到了便收挖山药。山药豆比山药整整要早收1个月，这样做可以使生长在地下的块茎更为充实。但是，在寒露时块茎的含水量很多，非常嫩脆，收获时块茎极易折断。再说提前一个多月打落零余子，也会影响枝叶生长。因此，一般认为还是以到了霜降以后茎叶枯黄时收获为好。当然，为了早收抢市场，或是土壤湿度比较大的山药地块，可以早收。沙地山药进行水掘法收获的，湿水面积也不能太多。应该一株一株地进行湿水冲砂疏土，将山药拔出。

块茎深入地下较长的山药品种，一开挖就应把深度挖够。譬如说，1米深或1.5米深，60厘米×60厘米，空壕挖好后，才能根据山药块茎和须根生长的分布习性，挖掘山药。山药块茎在一般情况下都是与地面垂直向下生长的，不拐弯。所有的侧根则基本上和地面平行生长，而且，离地面越近，根越多，颜色越深，根越长。根据这些生长特点，挖掘时先将块茎前面和两侧的土取出，直到根的最先端，但不能铲断块茎背面和两侧的大部分须根，尤其是不能将顶端的嘴根铲下。一旦铲断嘴根，整个块茎则失去支撑，随时都有断裂成段和倒下的危险。因此，一直要等挖到根端后，才能自下而上铲掉块茎背面和两侧的须根。在铲到嘴根处时，用左手握住山药上部，右手将嘴根铲断。接着，左手往上一提，右手则要握好块茎中部，以免折断。挖上几根后就能掌握规律了。

人工挖掘山药，使用山药铲进行作业。好劳力一天能挖起200根就不错了。这也许是多少年来，不少农户只种植百十株山药的原因之一，实在是太费工了。水掘法虽能提高3~4倍的效率，但只能在透水性和排水性绝好的砂丘地上才能采用。采用这种方法，收获的效率是提高了一些，可因注水收获却使砂土与块茎结合得更紧密了，本来准备翌年不深耕的地块，也就必须重耕了，这便增加了下一年的麻烦。用水掘法收获的山药，块茎外表干净，因而很受用户的欢迎。但对山药来讲，带些土不易干裂，且容易保存；不带土就不好保存了。而且水掘收获的山药块茎最怕暴露在太阳光下。可见这种方法也不是十全十美。

山药收获的机械化作业，至今并不完善。一般只是用小型拖拉机带一个挖掘机，从山药沟一边开始，向前推进。机械手一边操作机械，一边将挖出的山药拔出，每天可以收获200米左右。这比人力要快得多，但是山药的创伤折断率也高了不少。

从山药的品质考虑，晚收比早收好，下午收比上午收好。即使是在叶片枯凋期再延后一些日子收获，也会使块茎更为充实，块茎表皮也会变得更硬一些，收获中的伤害会减少。再者是秋冬时日，天气已经很冷了，如果人力不足或者组织不好，山药易受冻害。而山药在深土层中不去动它，冻害是很少有的。如果要将山药用来加工山药汁和山药糊，或作切片处理时，则应该晚一些收获，最好是在翌年春暖花开时再收获。这时收获的山药，品质好，变味少，变色的也少。而早收的山药，却经常出现品质受损害的现象，比如山药肉变成褐黑色或褐色，且收获越早，褐变越多。

收获山药时，应尽量避开高温和日晒，即使是下午也要注意。收获后应立即盖土防晒，而且进行水洗和装箱等活动，均需选在温度较低的地方进行。因为温度越高变色越多，而在5℃以下的低温环境下，山药变色很少。

（三）山药的春收

山药的春收，是指在翌年3—4月的收获。依地区的不同，收获时间前后有一个月的差距，但最迟也不能影响春天的播种和定植作业。收获太迟了，也会因为地温达到了10℃左右，山药块茎已经过了5个月的休眠，在湿度适宜的条件下就会萌发新芽。

为什么要延迟到翌年春季才收获山药呢？春季收获的优点还是很多的。首先，春天收获的山药品质好。不仅营养好，风味好，加工产品质量更好，褐变非常少。夏收的山药不成熟，其优点只是提前收获，提前供应市场。所收获的山药只能食用，不能药用；只能熟食，不能加工。秋收的山药食用和药用都很适合。灵气已足，完全可以满足老年人一到冬春食补山药的需要。因此，只要有市场，就应该在冬前一次性收获。特别是收购单位不要求生产者自己贮藏的，生产者应在留下种薯后，将所收山药全部出售。但是，如果市场销售不是很好，当地冬季又可以将山药留在田中越冬，就不要急于秋收或冬收。据我国和日本的一些山药加工部门反映，秋收的山药大多不如春收的好。好坏的标准是有无对加工产品影响最大的褐变的存在，春季收获的山药褐变发生的情况会少得多，或者就没有。论营养，研究部门的测定表明，也多是春季收获的营养多。

春季收获的山药，更有利于山药的夏季贮藏，可以一直供应到8—9月，接上新山药上市，使得一年四季都有山药出售，做到了均衡供应。因为山药的冬季田间贮藏利用了天然的菜窖，既不受损失，也不受损伤，内容充实了，皮层加厚了。等到春暖后收获时，人们也不感到天冷，挖起山药来再不会缩手缩足，非常顺手利索。这时的山药比起秋冬山药来，既不容易折断，也不容易伤皮。收获中，用手截下山药栽子时，也不觉手冷，而且切面也容易沾上消毒的石灰粉，因为这时山药中的含水量相对减少了。另外，这时所收获山药的分类、装筐、运输、出售或贮藏，也方便得多。比起从上年 10 月收获的山药，一直贮存到翌年 9 月，要容易得多，因为完全省去了 5 个月的冬季贮藏工作。分量没减少，质量有提高，并且无须进行冬藏和夏藏两种截然不同的气候之下温度和湿度的调节。

因此，在气候较为温暖的山药产区，山药种植者都不进行秋收，或者只是收一部分，而将多数山药留在田中，等到翌年春天才收获，尤其是一些排水好的砂壤地块。秋冬市场需求山药较少，贮藏设备又不多的地方，都是春收或随收随上市。只是在冬季降雪较厚的地区，不能等到翌年春季收山药，因为经过一个冬天容易引起山药块茎的腐败。还有就是野鼠猖狂活动的地方，山药一个冬季都埋在田中损失太大，也最好在秋冬季节将山药一次收获完毕。

对于准备春收的山药，最好也在秋冬山药地上部枯萎后，将枯死茎蔓和落叶一起割下，集中处理。架材要抽去，经消毒后整理贮存，以备来年再用。春收时，由于冬季将植株地上部已处理干净，加之又经过一个冬天的刮风下雪，就使得山药块茎的位置不好辨认。因此，春收山药，要特别注意不要漏收。收获时一定要按照顺序，从头到尾，一株挨一株，一行挨一行，细心作业，逐一收获。尤其是在人多时，更要加强组织指挥，做到严密分工，责任到人，严格检查，保质保量，极力防止漏收现象的出现。

另外，收获作业要谨慎小心，防止山药受损伤。虽说山药是到了春收的时候，块茎已完全成熟，表皮木栓化程度很高，内容物也很坚实，与夏收、秋收山药比较起来，不易折断，但它毕竟强度有限，总体上是脆嫩的。因此，在收获时同样要格外小心，挖掘用力要适当，动作要准确，千方百计避免损害块茎，尽量提高山药完好率，把损失减少到最低程度，提高商品率，从而更加有利于市场出售或进行夏季贮藏。

第八章　芦　笋

芦笋是世界十大名菜之一，又名石刁柏、龙须菜，在国际市场上享有"蔬菜之王"的美称。芦笋除具有独特鲜美的风味以外，营养价值也高于一般蔬菜、水果及蘑菇等，为国际流行的高档保健蔬菜。据测定，每 100 克鲜芦笋嫩茎中含蛋白质 1.62~2.58 克，脂肪 0.11~0.34 克，碳水化合物 2.11~3.66 克，矿物质 1.2 克，纤维素 0.7 克，维生素 A、维生素 B、维生素 C 的含量比番茄、大白菜高 1.8 倍，还含有多种微量元素，如硒、锰、钼、铬等。经常食用，能补充蛋白质，多种氨基酸、维生素和矿物质。

作为一种蔬菜和食品，芦笋之所以成为国内市场的紧销商品，主要是因为芦笋有很好的药用功能。研究表明食用芦笋能克服人体疲劳症，对高血压、动脉硬化、心脏病、肝炎、肝硬化、肾炎、水肿、膀胱炎等疾病均有疗效，并有治疗白血病的功能。长期使用芦笋能帮助消化，增强食欲，提高肌体免疫力，降低有害物质的毒性，抑制癌细胞的活力，阻止癌症的产生，具有良好的抗癌作用。

第一节　芦笋栽培概述

我国芦笋的大面积栽培起始于 20 世纪 70 年代。芦笋是多年生宿根性草本植物，它和一般的蔬菜及农作物不同的是：一次播种、育苗、移栽、定植到大田后，可连续采笋多年。种植芦笋不需要年年播种育苗，不但节约资金和劳力，而且在管理上也较方便，发展芦笋生产，除第一年的资金及劳务投入较多外，从翌年开始，只需施肥、农药及田间管理的劳力投入，而其采笋量则从第三年开始进入高产期。在水肥条件较好，技术较高的地方，年采笋量每亩可达800~1 000千克，个别高产田，可达1 200千克，以平均每亩产鲜笋600千克，按近几年平均作地保护收购价每千克4元计算，每亩至少收入可达2 400元，二年投入与产出比高达1∶4左右。而一般的大田作物或蔬菜的投入与产出比1∶2左右。农民普遍反映种植芦笋的经济收入是种植其他作物收入的5~8倍。

第二节　芦笋的生物学特性

一、根

芦笋的根系属于须根系，根群发育特别旺盛，具有长、粗、多的特点。芦笋种子播种后，随种子发芽先长出初生根，然后再地下茎上发生肉质根，肉质根上再发生纤维根。随着植株生长的年龄的推移，根系逐渐庞大。芦笋的根群非常发达，在疏松、深厚的土壤中，横向分布长度最大可达3.5米，纵向可达3米以上，但大多数分布在离地表1~2米土层内。

二、茎

芦笋的茎可分为初生茎、地上茎、地下茎3种。初生茎：芦笋种子萌芽时首先长出地面的茎称为初生茎，它是由胚芽发育而成的。地下茎：随着幼苗的生长，在初生茎与根的交接处，产生突起，形成鳞茎，亦叫地下茎。

三、叶及拟叶

在芦笋茎的各节上着生着淡绿色、薄膜状、呈三角形结构物，就是芦笋已经退化的真叶，俗称鳞片。通常所说的芦笋叶。实际上是变态的枝。它是从膜状叶腋中丛生出来的6~9条针形叶状枝，植物学上称为叶状枝或拟叶。

四、花

芦笋是雌雄异花异株的植物，在自然条件下，雌雄株大体相等。雌、雄花分别着生在雌、雄株的叶腋处，单生或簇生，呈钟状。

五、果实和种子

雌花经授粉受精后，发育成果实，类似豌豆的球形浆果，直径7~8毫米，由果皮、果肉、种子三部分组成。果实未成熟时呈深绿色，逐渐变为淡绿、橙绿、橙红，成熟时为朱红色，含糖量较高。

第三节　芦笋对环境条件的要求

一、温度

芦笋对温度的适应性很强，既耐寒、又耐热，从寒带到热带均能生长。但是温度对芦笋的生育、产量及品质影响很大，因此芦笋适宜生长在夏季凉爽冬季温暖的温带地区。在温度较高的热带和亚热带地区，芦笋植株不休眠，一年四季不断生长，产量较高，不过由于温度偏高，呼吸作用旺盛，消耗养分较多。茎叶衰老快，嫩茎纤维多，品质差。冬季寒冷地区，地下部分耐寒性较强，−20℃下进入休眠期能安全越冬。芦笋幼苗可忍受−12℃的低温。种子萌发最适宜温度为20~25℃。土温达到10℃或超过10℃时，芦苇嫩茎开始抽发。15℃时嫩茎增多，但17℃以下易产生空心笋，在17~25℃的条件下抽生的嫩茎数多且品质最好，此时采收的嫩茎，多肥大细嫩，笋尖的鳞片包裹紧密。在30℃时嫩茎抽发量最多，生长速度最快，但此时嫩茎变细，易散头、易老化、苦味。

二、光

芦笋是喜光作物，地上部茎叶生长期需要有充足的光照，以利于同化产物的制造和积累，光照不足会严重影响芦笋的生长发育。芦笋叶片退化靠拟叶进行光合作用，拟叶呈针状，要求较长的日照和较长的光照，才能满足植株生长发育的需要。

三、水分

栽培芦笋应选择水源充足，排灌条件较好的地块，才能满足芦笋高产的要求，芦笋的叶退化成鳞片，茎枝成针状似叶，且表面有一层蜡质，植株蒸腾量较小，芦笋还有庞大的根系，贮藏根内含有大量水分，可以短期调节水分不足。但由于芦笋吸收根部发达，吸水能力弱，因此过于干旱易造成芦笋减产。芦笋不耐涝，如果土壤长期水分过多，如地下水位过高，排水不良或常积水的地块，易使土壤中氧气不足，导致整株死亡。另外，若空气湿度过大，在遇高温，也易导致芦笋病害大量发生。

四、土壤

芦笋是多年生宿根性地下茎作物，有庞大的地下茎鳞芽盘和根系，根群发育十分旺盛，生理及呼吸作用都很强，同时芦笋根系具有吸收和贮藏双重作用。根系发育情况主要取决土壤性质，要促进根系的发育，必须选择通透性好的土壤，以土层深厚有机质多而肥沃的腐殖土壤或沙壤土为宜。芦笋要求微酸性至中性土壤，pH 值最好为 5.8~6.7，不宜超过 7.5。

第四节　芦笋优良品种

芦笋是一种多年生草本植物，一次育苗播种，可收获 10~15 年。因此芦笋的高产栽培技术最首要的就是选好品种。

一、无性系 F_1 杂交种

目前，用于商业生产的主要芦笋栽培品种是无性系 F_1 代杂交种，杂交种 F_1 是经多年选育的两个亲缘关系较远的无性繁殖系父母本杂交的结果。能作为商品种子提供给栽培者的这些 F_1 无性系杂交种，是园艺特征相当一致的种群。在抗病性的选择上，育种家对 F_1 代杂交种的父母代亲本，抵抗病原体侵入的能力进行过严格选择，因此芦笋 F_1 代杂交种对镰刀菌（引起芦笋根腐病)、茎点霉菌（引起芦笋茎枯病）有较强的耐病性，它的产量和对病害的耐性都大大高于开放式自由授粉的老品种。

杂种 F_1 要经过十多年的筛选、鉴定、评优，最后从几百甚至几千个组合中选出一两个优质组合。与玉米、高粱等杂交种不同的是，芦笋杂交组合选育出来后，它的两个亲本不能用种子来繁殖。因为芦笋的雌雄亲本是分离的，它的遗传特性与动物和人类是一样的。芦笋的雌雄亲本从一棵到制种田的上万棵，必须用无性繁殖的方法进行繁殖，才能保证亲本的遗传纯度，保证亲本的高抗病性。现代高技术的芦笋雌雄亲本无性繁殖方法多采用组织培养，用亲本的茎芽尖离体在无菌室内进行组织培养，形成有根盘、有吸收根、有茎芽的新植株。这种方法可以在一年内将一棵亲本繁殖成遗传性状完全一致的几万棵亲本。将这些无性繁殖系父母本按 1:3 种植在制种田里进行杂交，收获的种子就是无性系 F_1 代杂交种。这些 F_1 无性系杂种，已经发展成园艺特征相当一致的种群，它的产量和对病害的抗性都大大高于开放式自由授粉的 F_2 代种。

二、无性系全雄 F_1 杂交种

全雄品种是近年来国际芦笋协会全力推荐的新一代高产抗病品种。普通 F_1 代杂交种的后代，有 50% 的雌株和 50% 的雄株。50% 的雌株在第二、第三年开始会产生大量的 F_2 代种子，消耗大量的储存营养，因此雌株的产量要比雄株低 1/3。普通 F_1 代杂交种的抗病性较 F_2 代品种有很大提高，但仍有局限性，且品种之间差异很大。

高产抗病全雄品种具有较强的杂交优势和抗病性。植株高大，生长繁茂，抗病性也大大加强。全雄代杂交种在亲本选育上更进了一步，超雄亲本的选育更注重了抗病性的筛选，全雄 F_1 代杂交种的后代，几乎没有雌株，不会产生 F_2 代种子，在生产田中不会产生大量的自生苗，免除了人工清除自生苗的麻烦。自生苗是传播芦笋茎枯病的最好媒介，没有了自生苗，大大减

少了茎枯病传染的概率。

由于全雄品种只有很少的雌株，没有大量的生产种子的养分消耗，因此增产潜力在第三年后尽力发挥，生长势很强，一般比雌雄混合的品种产量要高 30% 以上。全雄品种的抗病性要比普通 F_1 代杂交种好很多，生长势强，生长整齐，对茎枯病、根腐病都有较强的耐病性。国际芦笋协会第三届芦笋品种高产试验结果表明，第一年、翌年，全雄 F_1 代杂交品种与普通 F_1 代杂交种在产量上差异不大，但是到了第三年以后，全雄 F_1 代杂交品种与普通 F_1 代杂交种在产量上就拉开了距离，同时由于全雄品种的抗病性更好，后续产量表现更突出，到了第五年，整个产量试验的前十名都是全雄品种。一般比雌雄混合的品种产量要高 30% 以上。比采用品质差、产量低、抗病性差的 F_2 代品种要增产 80% 以上。

芦笋全雄品种是当前国际芦笋界推广的新一代杂交 F_1 品种，目前已在发达国家全面推广，是国际芦笋产业今后四五十年发展的总趋势。芦笋全雄 F_1 代杂交品种全面替代雌雄混合的普通杂交种，只是时间问题，这是必然的产业趋势，不以人的意志而转移。

由于全雄品种制种技术难以假冒，售卖假全雄种子当年就可被揭穿，因此全雄品种是假种子贩的克星。在当前假冒伪劣芦笋种子泛滥的情形下，推广应用芦笋全雄 F_1 代杂交品种显得如此重要。

三、优良芦笋新品种

（一）改良京绿芦 1 号（BJ98-2F₁）

该品种是北京市农林科学院种业芦笋研究中心叶劲松教授选育出的适合中国大部分地区栽培的绿芦笋无性系 F_1 代杂交种。该品种由美国血统的母本 BJ38-102 无性系与荷兰血统的父本 BJ45-68c 无性系杂交而成。京绿芦 1 号在 2005 年开始大面积推广，多年来由于制种商没有认真严格掌握京绿芦 1 号的制种技术，亲本繁殖出现严重混杂。2012 年京绿芦 1 号唯一育种人叶劲松教授对京绿芦 1 号父母本进行提纯复壮，并重新进入组培室无性繁殖，生产出改良京绿芦 1 号。新品种纯度大大提高，比较适合生产绿芦笋，嫩茎长柱形，粗细适中，平均茎粗 1.45 厘米，单枝平均笋重 19.3~21.5 克，比格兰蒂（Grande F_1）高 2~3 克。嫩茎整齐，质地细嫩，纤维含量少。第一分枝高度 52 厘米，笋尖鳞芽包裹得非常紧密，且不易开散，笋头平滑光亮，顶端微细。嫩茎颜色深绿，绿色部分可占 98% 以上，品质优良，是速冻出口的优良品种。该品种生长势很强，定植当年株高可达 180 厘米，茎数 15~20 个。对收获期间的温度要求较宽，起产较早，适合北方地区温室栽培。品种抗病能力较强，对叶枯病、锈病较抗，对根腐病、茎枯病，耐病能力较强。在北方地区定植后翌年亩产可达 500~800 千克，成年笋亩产可达 1 000~2 000 千克。

栽培要点：品种为无性系杂交种，生长势很强，定植密度以每亩 1 500~1 800 株，行距 140 厘米，株距 28~30 厘米时，产量和品质均最佳。密度过大，每亩超过 2 000 株时，成年笋产量下降，嫩茎变细。品种对定植深度较为敏感，以 15 厘米为宜，过深影响鳞芽发育，易产生畸型笋，且使品种早产性降低。

京绿芦 1 号比较喜肥水，特别是对钾肥和微量元素的平衡较敏感。为能充分发挥品种增产潜力，建议使用芦笋专用肥，营养搭配科学合理，产量高、质量好。如使用普通肥料，建议增加有机肥、菌肥、氮磷钾复合肥的施入。年施入量不低于 75 千克。京绿芦 1 号适合留母茎采收，成年生长正常笋田可遵循以下模式采笋：早春剃头式采笋 30 天，5 月上旬待平均笋茎降至 1.2 厘米时，开始留母茎。每 15 平方米留茎 100 个，多余的继续采笋，可持续到 8 月底到 9 月中旬。特别注意留母茎采收时要注意肥水供给，在雨季不要留新茎。

（二）京绿芦 4 号

京绿芦 4 号是北京市农林科学院种业芦笋研究中心叶劲松

教授和他的芦笋团队，于 2007 年用美国血统的母本 BJ501-35E 无性系与美国超雄父本 BJ542-19c 无性系杂交组配而成，2008—2010 年在参加本单位 30 个组合的产量鉴定试验时表现突出，平均产量比对照格兰蒂（Grande）F_1 增产 43.6%，品种适口性好，该品种为我国第一个自主产权的全雄系杂交 F_1 代种（图 8-1、图 8-2）。2008 年参加有 40 个国际芦笋品种的中国北方区品种比较试验。试验小区为国际统一标准，10 米行长，1.5 米行距，种植 40 株，两次重复。本试验在本单位增加盆栽处理，每处理种植 5 株，进行抗病接种鉴定试验。该品种在国际芦笋评比试验中表现生长势突出，在抗病性、生长量等主要性状上与美国进口的对照品种格兰蒂（Grande）F_1 相比，具有极明显优势。京绿芦 4 号平均亩产（净笋）达 786.9 千克，比对照格兰蒂（Grande）F_1 增产 51.46%。比我国目前大面积栽培的 UC800 F_2 增产 90% 以上。品种抗病能力较强，对叶枯病、锈病尚抗，对根腐病、茎枯病耐病力较强。嫩茎质量明显提高，一级品率达到 80% 以上。据初步试验在北方地区良种良法配套栽培，定植后第三年的成年笋田亩产（毛笋）可达 1 000~1 500 千克。

图 8-1　我国全雄芦笋品种京绿芦 4 号嫩茎

图 8-2　我国全雄芦笋品种京绿芦 4 号

田间长势特征特性：该品种比较适合生产绿芦笋，嫩茎长柱形，比较粗，平均茎粗 1.45 厘米，单枝平均笋重 21.7~23.1 克。品种生长势很强，定植当年株高可达 200 厘米，茎数可达 25~32 个。第一分枝高度 48.9 厘米，笋尖鳞芽包裹得非常紧密，不易开散，笋头平滑光亮。嫩茎颜色深绿，整齐，质地细嫩，纤维含量少，品质优良，是保鲜出口的优良品种。品种抗病能力较强，对叶枯病、锈病高抗，对根腐病、茎枯病耐病能力较强。该品种产量潜力较大，特别是在成年期，全雄株可达 98%，由于仅有极少的雌株，几乎不产生种子，消耗较少，生长期间死亡率低。对收获期间的温度要求较宽，起产较早。

栽培技术要点：该品种的定植密度以每亩 1 500~1 800 株，行距 150 厘米，株距 25~28 厘米时，产量和品质均最佳。密度过大，每亩超过 2 000 株时，成年笋产量下降，嫩茎变细。品种对定植深度较为敏感，以 15 厘米为宜，过深影响鳞芽发育，易产生畸形笋，且使品种早产性降低。该品种比较喜肥水，特别是对钾肥和微量元素的平衡较敏感。为能充分发挥品种增产潜力，建议使用芦笋专用肥，营养搭配科学合理，产量高质量好。如使用普通肥料，建议增加有机肥、菌肥、氮磷钾复合肥的施入。年施入量不低于 200 千克。该品种适合留母茎采收，成年生长正常笋田可遵循以下模式采笋：早春剃头式采笋 30 天，5 月上旬待平均笋茎降至 1.2 厘米时，开始留母茎。每 15 平方米留茎 100 个，多余的继续采笋，可持续到 8 月底到 9 月中旬。特别注意留母茎采收时要注意肥水供给，在雨季不要留新茎。

（三）京绿 1465

京绿 1465 是叶劲松教授最新选育出的全绿早生性新品种。2012—2015 年在参加 20 个组合的产量鉴定试验时表现突出，平均产量比对照京绿 1 号增产 15.2%，品种色泽全绿，早生性好，品质佳、适口性好，味甜，纤维少，具其特有的清香味。品种抗病能力较强，对叶枯病、锈病高抗，对根腐病、茎枯病耐病能力较强。嫩茎质量明显提高，一级品率达到 70% 以上。在北方地区良种良法配套栽培，定植后第三年的成年笋田亩产（毛笋）可达 1 000~1 500千克。

特征特性：该品种比较适合在温室、塑料大棚生产绿芦笋，嫩茎长柱形，比较粗，平均茎粗 1.45 厘米，单枝平均笋重 21.5~24.8 克。品种生长势很强，定植当年株高可达 180 厘米，茎数 20~25 个。第一分枝高度 56.5 厘米，笋尖鳞芽包裹得非常紧密，不易开散，笋头平滑光亮。嫩茎颜色翠绿，嫩茎整齐，质地细嫩，纤维含量少。品质优良，是保鲜出口的优良品种。品种抗病能力较强，对叶枯病、锈病高抗，对根腐病、茎枯病耐病能力较强。对收获期间的温度要求较宽，起产较早（图 8-3）。

中国
京绿1465

图 8-3 我国最新全绿芦笋品种京绿 1465

嫩茎栽培技术要点：该品种的定植密度以每亩 1 500~1 800 株，行距 150 厘米，株距 25~28 厘米时，产量和品质均最佳。密度过大，每亩超过 2 000 株时，成年笋产量下降，嫩茎变细。品种对定植深度较为敏感，以 15 厘米为宜，过深影响鳞芽发育，易产生畸形笋，且使品种早产性降低。该品种比较喜肥水，特别是对钾肥和微量元素的平衡较敏感。为能充分发挥品种增产潜力，建议使用芦笋专用肥，营养搭配科学合理，产量高质量好。如使用普通肥料，建议增加有机肥、菌肥、氮磷钾复合肥的施入。年施入量不低于 100 千克。该品种适合留母茎采收，成年生长正常笋田可遵循以下模式采笋：早春剃头式采笋30天，5月上旬待平均笋茎降至1.2厘米时，开始留母茎。每15平方米留茎100个，多余的继续采笋，可持续到8月底到9月中旬。特别注意留母茎采收时要注意肥水供给，在雨季不要留新茎。

（四）格兰蒂

格兰蒂（Grande）：美国加利福尼亚芦笋种子公司，最新推出的无性系双杂交一代绿白兼用的芦笋品种。芦笋肥大、整齐、汁多、微甜、质地嫩、纤维含量少等。第一分枝高度60厘米，顶部鳞片抱合紧密，在高温下散头率仍较低，芦笋色深绿，长圆形，有蜡质，外形与品质均佳，在国际市场上极受欢迎，是出口的最佳品种。抗病能力较强，不易染病，对叶枯病、锈病高抗，对根腐病、茎枯病有较高的耐病性，对芦笋肩负病菌Ⅱ有免疫力。植株前期生长适中等，成年期生长势强，抽茎多、产量高、质量好、一、二级品率可达90%以上。成年笋每亩产量可达1 460~2 000千克。

（五）阿波罗

阿波罗（Apollo）：美国加利福尼亚芦笋种子公司选育出的生长势很强的无性F_1代双杂交种。嫩茎肥大适中，平均茎粗1.6厘米以上、整齐、质地细嫩、纤维含量少。第一分枝高度56厘米，嫩茎圆柱形，顶端微细。鳞芽包裹的非常紧密，笋尖光滑美观，在较高温度下散头率很低。嫩芽颜色深绿，笋尖鳞芽上端和笋的出土部分颜色微发紫，笋尖圆形，包裹紧密。外形与品质均佳，在国际市场上极受欢迎，使速冻出口的最佳品种。抗病能力较强，对叶枯病、锈病高抗，对根腐病、茎枯病有较高的耐病性，对芦笋潜伏Ⅱ有免疫力。植株前期生长势适中等，成年期生长势强，抽茎多、产量高、质量好、一、二级品率可达90%，在北方地区定植后翌年每亩产量可达400~500千克，成年笋每亩产量可达1 400~1 800千克。是目前推广的一种高产优质芦笋新品种。

(六) 阿特拉斯

阿特拉斯 (Atlas)：双杂交种，适应性广泛，圆锥形嫩茎为绿色，大小适中，芽蕾、芽尖及芽条基部略带紫色，色泽诱人，收获时节在温和至较热的气候条件下，笋头抱合紧密紧凑。笋茎为圆柱形，笋头为锥形，笋茎光滑，早春即可获的嫩笋产品，高耐镰刀菌，耐芦笋锈菌，高耐其他叶片尾孢菌，对芦笋潜伏病毒Ⅱ有免疫力。品种杂交优势突出，产量高，单笋重26克以上，分枝点约60厘米，茎粗壮，笋尖包头紧实，颜色深绿，平均直径1.8厘米左右。绿白兼用品种，适宜速冻、加工及保鲜上市。

(七) 富兰克林

富兰克林 (Franklin)：荷兰芦笋育种专家培育而成的全雄一代品种，属于中熟品种。该品种笋竹生长势比较旺盛，嫩茎比较粗大，嫩茎粗细中等，嫩茎大小比较均匀，笋条直顺，嫩茎顶部鳞片抱合紧凑，嫩茎色泽浓绿，外形美观，嫩茎的产量比较高，对根腐病、茎枯病具有较好的抗性，适应性比较强，该品种评估联合实验中表现比较优异，是近几年推广的优质高产品种，该品种既适宜白芦笋栽培又适宜绿芦笋栽培。

(八) 泽西奈特

泽西奈特 (Jersey knight)：美国新泽西芦笋实验育成，是绿白兼用的全雄 F_1 代杂交新品种，其嫩茎绿色粗且均匀，整齐一致，直径1.4~2.0厘米范围内的占90%以上，顶端较圆，鳞片包裹紧密，第一分枝高度60厘米以上，全雄品种是近年来国际芦笋协会全力推荐的新一代高产抗病品种，在国际芦笋协会第三次芦笋品种高产试验中，全雄品种后续产量表现突出，第五年计产试验评比，前十名都是全雄品种，由于全雄品种株占90%以上没有大量的生产种子的养分消耗，因此增产潜力在第三年后尽力发挥，一般比雌雄混合的品种产量高30%以上，泽西奈特产量潜力较大，第四年的笋田每亩产量可达2 000千克以上，抗病性提高46%且株龄越大增产越显著。泽西奈特抗病能力较强，对叶枯病、锈病高抗，耐根腐病、茎枯病，在国际芦笋抗茎枯病测试评比实验中，名列前茅，凡组建的新基地，定植后，三年内基本不需要用药，比任何品种都有较强的抗病性，品种现实性较好，抗逆性强，植株生长高大，两年生可达2米高，养分积累率高，嫩茎质地细腻，微甜，纤维含量少，口感较好，是目前国际保鲜芦笋市场的最佳品种。

（九）极雄皇冠

极雄皇冠（Extremely male imperial crown）：具有较强优势的经典芦笋新产品。该品种有美国加洲育成，中早熟，适合中国南北种植。嫩茎顶部鳞片抱合紧实，出笋整齐，优质品率高，笋茎2.0厘米左右。抗性全面，根系储备能力强大，忍耐性好，产量高且稳产，是绿白兼用芦笋新品种，也是结合我国种植开发的新一代芦笋优良品种。

（十）加州301

加州301（UC301）：是美国加利福尼亚大学培育而成的杂交一代品种，属于中熟品种。该品种株性比较高大，笋株生长时比较旺盛，适应性比较强，嫩茎头部圆锥形，嫩茎顶部鳞片抱合不紧凑，在夏季高温条件下易散头，丰产性比较好，嫩茎比较粗大，笋条直顺、整齐一致、嫩茎色泽浓绿，嫩茎基部和头部带有紫色，茎嫩无畸形、空心比较少，品质比较好，抗病能力中等。该产品适宜白芦笋栽培，不适宜绿芦笋栽培。

第五节 温室芦笋栽培技术

一、温室绿芦笋栽培特点

芦笋是一种高效益绿色经济作物，但露地生产的芦笋有一定的季节性，人们无法周年吃到新鲜美味的鲜芦笋。近年来世界芦笋产业都在向周年化、设施化方向发展，以便能提高芦笋产量和常年供应市场鲜品。我国北方地区芦笋生产季节短、鲜笋供应市场时间集中，仅两三个月时间，不能满足日益增长的市场需求。北方地区日光温室大棚，因其保温条件明显优于露地，且可以附设人工加温设施，覆膜保温时期早，植株萌芽早，采收始期一般比露地早80~100天，可在新年和春节期间供应市场，芦笋品质好，价值高。而且日光温室生产芦笋，出笋时间可以达到8~9个月，产量高、利润大。但温室栽培芦笋的环境条件，如温度、水分、空气、光照都与露地栽培有很大的差异，因此温室绿芦笋栽培有其自己的特点。

1. 温度变幅大

收获早期日光温室内平均温度一直处于较低的情况下，嫩茎萌生与伸长都比较缓慢，而且因为芦笋根株休眠不充分，株丛间的鳞芽萌发很不一致，使采笋盛期，峰顶低落，收获期天数明显延长，温室内保温不好鳞芽易受冻；收获后期外界气温高，棚温就更高，嫩茎伸长加速，茎顶鳞片，容易开散，而且这时根株贮藏养分已明显减少，嫩茎细，更促进顶头的开散现象。如措施不当，芦笋的质量和等级都会大大下降。

2. 对品种要求高

由于温室绿芦笋收获结束季节提前，其后的有效生育期延长，这样待首批地上茎形成以后，经反复多次的萌芽生长，很容易出现株丛茎数过多，生育过茂的倾向。加之温室与露地栽培相比，温度高、湿度大、空气不易流通，生长过于繁茂的芦笋，病害、虫害很易流行。因此在温室栽培的绿芦笋品种，要求品种抗病性要强，要比较耐高温高湿。同时应该选择早生性强，休眠期短产量高的品种。

3. 对水肥管理要求严

由于采收期间棚内温度高，变化剧烈，需常通风换气，土壤水分丧失快，所以要经常灌水，以免土壤水分供应不足。温室绿芦笋采收期长，棚内温湿条件变化剧烈，采收后的根株易衰弱，株丛生育初期茎枝长势差，对肥料的需求非常敏感，适时早施速效复壮肥，促进新茎成长，使株丛迅速复元。

二、温室育苗

1. 播前种子处理

（1）浸种催芽。播种前浸种催芽，可以提高发芽率和减少发芽时间。将一定量的种子（最好一天能播完）放入一个容器里，加入相当于两倍种子容积的清水。在充满气体、温度30℃的水中浸种，保持水温，每天用清水投洗，换水3次。浸种48小时后将水沥干。

（2）灭菌。种子处理的主要目的是根除任何在种子表皮上存留的病原菌。杀灭种皮上的病原菌最有效的方法是用10%的家庭漂白粉溶液浸泡种子10~15分钟。家庭漂白粉的活性成分是次氯酸钠（5.25%），这样处理可以杀除99.9%存在于种子表皮的任何真菌。第二种方法是用50%多菌灵溶液浸种12小时后用清水漂清和晾干。这些措施主要是防治芦笋茎枯病的病原菌。

（3）芦笋种子吸足水分开始发芽，种子重量增加大约为种子干重的40%。首先露出种子表面的是白色的胚根（初生根），胚根伸长2~3厘米后，芽组织开始形成并显露出来。在这段时间，临界湿度是保证幼苗生长和发育的主要因素。幼苗第一新梢露出土壤表面需要10~14天，时间的长短取决于土壤温度和适当的湿度。

2. 播种

经浸种催芽的种子播种在消过毒的长60厘米、宽24厘米、深5厘米的育苗盘中。育苗盘中供种子发芽生长的介质由三部分组成：6份过筛的熟耕作层壤土、3份蛭石、1份腐熟过筛的优质有机肥，混合均匀，装满育苗盘的2/3。种子按株行距3厘米×4厘米单粒点播在育苗盘中，播后覆盖1厘米介质土，浇透水保墒。播种的深度是非常重要的。如果播种太浅，幼根会将种子顶出介质外面，幼苗会因缺水干死。种得太深将限制根的生长，因为所有的根都发生在种子下面。

出苗前最主要的是保持适当的温度，从播种到出苗，要求保持较高的平均温度，白天温度应保持在 30℃ 以上，夜间最低温度应在 20℃ 以上。达不到以上温度，出苗缓慢，出苗率降低。出苗后，应适当降低温度，一直到第一个茎长到 4~5 厘米高。北方日光温室，温度达不到 25℃ 时，可以采用地热线加控温仪提高和保持地温。温室里较高的相对湿度在种子发芽时期是有益的，但是在秧苗长到 4~5 厘米高时，相对湿度应降低甚至50% 甚至更低，并开始通风换气。第一根茎生长到 4~5 厘米高后，温室的温度应逐渐降低，白天保持在 20℃ 左右，夜间为 15℃ 左右。如果温度太高，秧苗的嫩枝生长迅速细弱，灌溉时则倒伏。嫩枝倒伏则更易感染菌类病害。

3. 分苗

芦笋幼苗在温室育苗盘里生长 1 个月左右，开始长出第二根茎，这时应开始分苗，将幼苗移植到 6 厘米×8 厘米的营养钵中，营养土由 5 份过筛的熟耕作层壤土、3 份蛭石、2 份腐熟过筛的优质有机肥组成。每立方米营养土中还要加入下列肥料的混合物：0.2 千克硝酸钾，0.2 千克硫酸钾，1.6 千克磷酸二铵，3.9 千克碳酸钙镁肥（白云石灰石），3.1 千克碳酸钙，0.92 千克混合微量元素。碳酸钙的数量用于向上或往下调整营养土的 pH 值到 6.5。

种植在营养钵中的芦笋幼苗，条件适宜，生长很快，老的茎长大积累养分，新的茎继续萌发出来。在温室里生长 2~3 个月以后，幼苗应该有 3~5 条茎，20~30 厘米高，在根盘上有 3~4 个饱满的正在发育的鳞芽。在这段时间里，根系将建成 10~20 条较粗的储藏根。这时候的幼苗移栽到生产田，移栽成活率将达到 95%~98%。

4. 施肥

芦笋幼苗在育苗盘、营养钵中生长，需肥量不断增加，由于营养钵中营养面积太小，满足不了芦笋幼苗迅速生长的需要，增加施肥可促使芦笋秧苗生长到最大值。在芦笋幼苗长到 15 厘米高，叶片展开以后，应该每 10 天喷施一次 0.5% 的"尿素+磷酸二氢钾"营养液，以满足芦笋幼苗的营养需求，使幼苗健壮生长。

5. 灌溉

在育苗期间必须有充足的水分供应，生长介质应当保持潮湿，但水分不能过度饱和。日常的灌溉通常要在温室生长的后期，在芦笋植株有一个比较大的蒸发量以后。每 2~3 个星期生长介质应该充足地灌溉一次，可以滤去累积的盐分，从而降低介质中水的 pH 值。每次通过灌溉系统施肥之后，应该用清水冲洗一遍幼苗，把残留在芦笋叶片上的肥料盐分清洗掉，减少幼苗被肥料烧坏的机会。在幼苗长成，定植之前，要浇一次透水。这最后一次水将保证芦笋苗在移栽过程中的水分供应。减轻根盘和幼苗在移栽过程中的物理损伤。

6. 病虫害防治

在日光温室栽培条件下，由于温度高、湿度大、空气不易流通，芦笋生长过于繁茂，病害、虫害很易流行。危害芦笋幼苗的主要害虫有蓟马、芦笋蚜虫和啃食芦笋茎叶的各种不同的昆虫。蓟马危害幼苗生长点，使幼苗矮化，不能定植。芦笋蚜虫可导致芦笋幼苗的死亡，传染芦笋病毒病。芦笋的这些虫害很容易用有机磷杀虫剂防治。最重要的是及时查清虫情，适时施药就能够使芦笋幼苗摆脱所有害虫的伤害，使幼苗能健壮的生长。

温室育苗由于温度变化大、湿度高、空气不易流通，芦笋生长繁茂，很容易感染许多病害。在温度高，湿度大，通风不好的情况下，芦笋幼苗易感染芦笋锈病、叶斑病、茎枯病、黑斑病。叶斑病和茎枯病可用敌菌丹和本菌灵（或用多菌灵）防治。在高湿低温，育苗密度较大，田间郁闭的情况下，幼苗易感染茎霉病，疫霉病能传染到根系，使幼苗感染上根腐病，此病要及时发现，用瑞霉毒（甲霜灵）防治。在高温、高湿环境中，芦笋幼苗茎叶表面上凝有露珠的情况下，幼苗易感染芦笋锈病、茎点霉病等叶部病害，应及时用代森猛加臻氨灵（或用粉锈宁）防治。

三、温室绿芦笋定植及幼苗期的管理

温室绿芦笋幼苗定植一年四季都可进行，但以早春4月定植当年育成，或去年秋育的越冬大苗经济效益最高。4月定植的大苗，如栽培管理得当，当年元旦、春节即可采笋，获得可观的经济效益。温室绿芦笋定植的密度应比露地大些，一个标准的日光温室，可定植 1 200~1 500 株（实际种植面积0.72亩），行距140厘米，株距25厘米。

首先应平整地块，深耕35厘米左右，打碎土块反复耙细耧平，做到土松、地净、面平。

然后开挖定植沟，按行距要求（140厘米）开好定植沟（沟深35~40厘米，底宽35厘米，口宽45厘米），把堆厩肥与土混合均匀，施于沟底层，厚为10~15厘米，4~6立方米。然后进行土壤药剂处理，可用50%锌硫磷1 000倍液均匀喷在沟底，在这一层上施入底化肥，每亩磷酸二铵10千克、尿素8千克、钾肥5千克。最后再于化肥和土混合层上回填15厘米左右的土，以防幼苗根部接触化肥被烧伤。回填土后浇一次透水，待土下沉后，再回填土到沟表面离地面10厘米为止。即可定植。

定植前3天，将定植沟充足灌水，3天后即可按株距（25厘米）要求定植，在沟内挖10厘米深小穴，将幼苗按其地下茎生长点发展的方向一致放入穴中排放成直线，以便于今后管理（如施肥、培土与采收）。一面排苗，一面覆土。覆土后浇水。待苗成活，抽出新茎，再分期覆土，直至与畦平为止。这样，可以满足初定植的幼苗对土层氧气和土温快速上升的生态环境

的要求。否则，一次覆土过深，土层供氧不足，地温上升也慢，不利于幼苗的生长发育。苗株成活后，要及时中耕除草，追施肥料，干要灌，涝要排。

四、温室绿芦笋的幼龄期管理

芦笋定植后到可供采收前，这一生长发育阶段称作幼龄期，此期间的管理合理与否，对成年期的产量和品质关系极大。芦笋幼龄期的管理，主要有以下几点。

1. 中耕、除草和覆土

芦笋栽培行距大，幼龄期的植株小，覆盖程度低，裸露面积大，温室里土温上升快，不仅幼株生长快，各种杂草更易滋生蔓延，与芦笋幼株争水、争肥，必须及时清除。对株边和株眼草须用手拔除，行间株间杂草可结合中耕松土锄掉。芦笋幼龄生长期间，要进行多次中耕，每次灌水后，土壤容易板结，为改善通气性能，都应中耕，同时每次结合中耕还要对种植沟进行分次覆土。覆土要注意向植株四周培细土，每次培2~3厘米厚，直至地下茎掩埋至畦垄面下15~20厘米深处为止。覆土还可起到抑制垄间杂草生长的作用。

入夏温度高，雨水多，或灌水施肥后，杂草滋生尤烈，土地又易板结，与此同时，幼株根系日趋发达。根群密布，根系呼吸作用旺盛，耗氧量大，因此更要中耕松土，使土壤氧气充足，以满足根系生理机能的需要，保证芦笋正常生长发育。

2. 间作

定植当年的幼龄芦笋，株丛小，根系少而短，而行距又大。在不妨碍芦笋正常生长发育的条件下，利用行间空隙，可间作一些比芦笋矮、吸肥不多的豆科作物或蔬菜，如地豆、豌豆、胡萝卜、叶菜等，并要求在7—8月间采收完毕，以利芦笋发棵生长。间作物应距芦笋株丛40~50厘米，不宜靠近，间作物要本着不与芦笋争肥、争水、争光，不影响通风，不容易感染病虫害的作物为原则。这样，不仅可弥补芦笋起产前的一部分经济收入，而且还可抑制垄间杂草的滋生和蔓延。

3. 追施肥料

温室绿芦笋在幼龄期，植株嫩茎的生长发育期比成年植株茎的生长发育要长 60~80 天，抽发嫩茎的次数也多于成年植株，耗肥量大，因此需要多次及时施肥，才能满足每次抽发新茎时的需要。虽然此时单位面积施肥总量少于成年期，但追肥次数却多于成年期，并且每次施肥量，应随植株成茎的增加、根盘的扩展延伸而逐渐增加。当第二次抽发嫩茎时，每亩施尿素 5 千克或复合肥 5 千克。之后，一般约每隔 1 个月，抽发一次嫩茎，都应相应追一次肥，施肥量要比前一次递增尿素或复合肥 1 千克。植株经过多次抽发新茎，根盘渐大，地下茎生长点不断扩展，入秋更加旺盛。白露、秋分间应重施一次秋发肥，施量视肥力情况而定。肥力差的，一般每亩施尿素 10 千克，过磷酸钙 20 千克，氯化钾 15 千克；或单施复合肥 25~30 千克。肥力好的，施尿素 5 千克，过磷酸钙 7~8 千克，氯化钾 7~8 千克。或以人粪尿 10~20 担代替尿素；或单施复合肥 15~20 千克。重施秋发肥的目的在于有利形成较大的同化器官，促使植株进行旺盛的光合作用，累积同化养分，为以后产笋奠定可靠的物质基础。

4. 灌溉和排水

幼龄芦笋根系扎得不深，也未充分发育，吸收水分能力差，需水也较少。因此这一时期的灌溉与排水，应视情况而定。雨水少，地下水位低的地区，在干旱季节应每隔 10~15 天浇一次水，浇水量以能充分湿透地表以下 25 厘米深的土壤为宜。此外，每次施肥后也应及时浇水，以利根系吸收肥料。雨水多，地下水位高的地区，如果不遇到大的干旱，一般不浇水。但应结合中耕疏松土壤，以便根系能充分进行呼吸作用，并从土壤中获取水分和养分。如遇上秋旱加高温，植株蒸腾作用大，同时又值秋茎旺发时期，应不失时机的浇灌透水。否则，不仅影响秋茎抽发，而且还会导致植株早衰。

5. 植株调整与防病

温室绿芦笋株丛有效生育期长，根株反复萌芽的次数多，株丛发育容易出现生长过茂，加之温度高、湿度大、空气流通差，很容易招致病害蔓延。因此，需要适时控制芦笋群体的增长。一般当年定植的芦笋植株，7 月底以前单株大茎数不易超过 4 个，茎数过多，应疏删茎枝，调整植株群体，控制株丛发育进程，避免株丛生育过茂，控制病害蔓延，并要加强喷药防病工作。

五、温室绿芦笋棚膜设置时机及采收期管理

1. 棚膜设置时机

温室绿芦笋开始覆膜的时间确定很重要，要根据品种的萌芽特性、休眠长短以及温室的保温性能来确定。保温越早，越有利于鳞芽早萌发，但外界气温变化很不稳定，萌芽后易发生冻害。因此要求覆膜保温后，棚内最低温度能在 5℃以上，萌芽开始以后，棚内绝对不能出现 2℃以下低温。另外不同的品种休眠特性不一样，要根据品种的特性，使其充分休眠后，覆膜保温。以新西兰优质绿芦笋品种特来密为例，该品种萌芽早，休眠期短，0~5℃的低温下，20 天左右即可通过休眠。根据该品种的萌芽休眠特性，可在 11 月初灭茬，拔除残茬枯茎，并进行全园中耕，施催芽肥，其后再向根株上培土 10 厘米厚，接着喷洒杀菌剂、杀虫剂、除草剂。11 月中下旬覆膜，12 月中旬通过休眠，开始萌芽出笋。这时棚内最高温度应保持在 30~35℃，夜间最低温度保持在 10~13℃。因此温室绿芦笋棚膜设置的时机应综合考虑株龄、前一年株丛的发育状况、品种熟性早晚和休眠深度、保温条件以及收获期间嫩茎产量和质量变化等要素，综合起来确定。

2. 采收期间的管理

采收期间根据外界气温回升情况及根株贮藏养分消耗情况，

分前后两个阶段。前期重点是保温管理，幼茎萌生后，要预防夜间的冻害，一般在早期外界气温还较低时，晚间应被覆草苫等保温材料，特别是外界夜温低于5℃时，万万不能大意，否则将会出现冻害及低温所致的异常茎发生。采收后半期，因外界气温升高，棚温升到32℃时，要进行换气降温。要经常撩起大棚膜换气，此时土壤极易干燥，灌水最为重要，并且要及时正确判断采收结束期。为此，要注意观察记录采收的嫩茎数量和质量的变化。

3. 棚膜的开闭

密闭棚内的温度，在白天阳光充足时可高达30℃以上。通常以25℃作为棚膜开闭的标准温度。一般晴天10时揭膜，傍晚盖膜。寒冷天气应提早盖膜。外界平均温度在5℃以下时，晚间要加盖草苫保温，当外界气温最低在5℃以上时，晚间可以不必盖膜。由于每天开闭棚膜，使棚内水分散失快，土壤干燥，夜间易遭受冻害，这时要经常少量浇水，以提高保温效果。

4. 采收

嫩茎伸长需要比较高的温度，从萌芽至采收，15℃左右为8天，20℃以上只需4天。因此，早期低温产量上升极慢，但在不受冻害影响的情况下，产品的质量高，头部紧密，含糖量高。当温度达到一定范围才出现采收的高峰。相反，温度升高以后，在高温影响下，头部容易松散，风味淡薄。为提高品质，要加强换气降温管理，并要多灌水，增加每天的采割次数。同时，要及早除去过细、冻伤和其他不良茎，以及残茬上的侧芽。

5. 灌水

早期灌水只需轻浇，以防霜冻为主。中期后气温升高，大棚要经常撩膜通风降温，土壤水分丧失很快，又因嫩茎长得快而多，需水量也多，因此，浇水次数和浇水量都要增加。棚的中心温度高，土壤水分丧失快，浇水量也要多些。一般每次每平方厘米的浇水量为20毫升以上。浇水应在采割后的午前实施，最好浇井水。午后地温低，浇水则不利于嫩茎生长。

6. 追肥

一般采割嫩茎开始后，每隔 1 个月追肥 1 次。每次每亩施尿素或硝酸铵 6 千克，对水 800~1 000 倍，结合灌溉追施。

7. 大棚的换气

根据芦笋生长对温度的反应，棚内的温度不宜超过 25℃以上。一般早期当白天棚温升达 25℃时，应将大棚两侧的顶膜撩起。中期晴天阳光充足，于 9 时左右撩起顶膜，傍晚 16 时左右放下保温，早期应提早到午后 15 时左右。当外界气温超过 20℃时，可卸除裙膜，并缩小顶膜开度，用卡槽卡好。

8. 收获结束期

大棚栽培开始采割期比露地早 2 个多月，且棚内温度状况比较好，采收盛期出现早，收获结束时期也明显提前。由于每年气候条件变化有差异，当年和前一年株丛发育状况也不同，每年收获结束期常有不同。决定收获期的主要指标是产量和质量的变化。一般符合 3 级（茎粗 0.96 厘米）以上的嫩茎在 15% 以下，嫩茎头部开散早，即应停止收获，否则将不利于株丛恢复生长。

六、温室绿芦笋采收技术

1. 温室绿芦笋持续采收时间

温室绿芦笋采收的时间和产量，取决于它的生长年龄和发育状态。一般 4 月定植的 F_1 代优质芦笋品种，当年 12 月就可以开始采收，视一年长势情况可采收 40~60 天，亩产可达 150~250 千克，每株可收获 5~8 根。此时正是元旦、春节期间，芦笋价格极高，效益很好。芦笋到了采收季节，不采收或过早停止采收，都将影响芦笋产量。温室绿芦笋采收过度，会影响芦笋恢复生长，甚至造成笋株死亡。因此掌握好第一次停止采收的时间是至关重要的，停止采收的最好标准是收获期芦笋嫩茎的平均重量。

在收获季节里，芦笋嫩茎的平均重量一般保持不变，但在收获季节的末期，由于储存在根中的碳水化合物的消耗以及笋尖生长所释放的能量，使芦笋平均重量减少。当快到往年的收获季节结束时，应该密切注意笋的平均重量是否减少。如笋的平均重量明显降低，这时就应结束收获期，让笋株再次进入生长阶段。测量芦笋平均重量的最简单方法是，随机选出同样长短的200~300根笋，然后称出笋的平均重量。

第一次收割季节的长短及产量取决于许多因素，如前一年芦笋植株的生长情况、生长季节的长度、病虫害发生及防治情况、上年降雨量及灌溉情况、收获季节的温度以及一些影响芦笋植株生长的其他因素。

芦笋采收时应用采笋小刀将长约25厘米、不散头的嫩茎从地面割下，不能用剪刀或用手撅，基部不要留桩，以免侧芽萌发成为病虫害的温床。另外直径2毫米以下的细茎和生长弯曲的畸形茎也要及时刈除。

茎部靠近地面变成紫红色时已经失掉鲜嫩的特性，在计算长度时应当扣除。嫩茎生长速度受植物营养基础、土壤水分和温度等的影响。当平均气温达到20℃以上时，一天约伸长10厘米。为了延长芦笋的货架期，须在早、晚低温时进行采收。采收的嫩茎应立即放在容器中用湿布盖好。采收结束后再到室内整理、扎捆、装箱和进行低温处理。

2. 预防减少温室劣质畸形笋的产生

空心笋：即芦笋嫩茎中间空心，由嫩茎中部薄壁组织（髓部）的细胞间隙崩裂、拉开所形成。空心笋多产生在较粗大的嫩茎上，按嫩茎空心大小和外部形态可分为小空心、中空心和大空心三种类型。造成嫩茎空心的主要原因有以下五点。一是低温：低温是造成芦笋空心的主要原因。温室绿芦笋在采笋前期地温较低，但白天地表温度高于地下温度，造成根系对养分和水分的吸收缓慢，而处于地表部分的嫩茎细胞分生较快，养分和水分不能满足其发育需要时，使芦笋产生空心。根据试验，当日平均气温在15℃以下，地下20厘米处平均温度在16℃以下时最易产生空心笋。芦笋的空心又多出现在1月中旬至3月中旬，以1月下旬尤为严重。二是施肥：在采笋期间，氮肥使用过多，使芦笋嫩茎细胞组织膨胀过早、过快，中心组织跟不上周边组织的增长而造成空心。三是笋龄：笋龄越大，空心率越高。幼龄笋嫩茎较细，细胞结构紧密，出土时间较早，受低温影响小，空心笋相对减少；成龄笋出土晚，受低温的影响较大，空心率相对增多。四是土壤含水量：调查表明，温度高时，空心率与土壤表层含水量较低有关。因此，在温度较高时，如果土壤水分过少，将使空心嫩茎明显增多。五是品种差异：代优良品种空心率较低。

由此可见，温室芦笋嫩茎空心的原因比较复杂，其中温度和温度是主要原因。为减少嫩茎空心，首先要选用产量高、品质好、不易空心的良种。采笋前期可采用温室中盖膜增温的方法采笋。另外，应尽量保持土壤的湿度和重施有机肥。在采笋期间尽量不追施过多的氮肥等。

开裂笋：嫩茎纵向开裂的叫开裂笋，由嫩茎在生长过程中土壤水分供应不均匀所致，或在采笋期久旱缺水时骤然降雨或浇水引起的。另外，土壤中缺少磷、钾肥或追施氮肥过多也易产生嫩茎开裂。防止方法是，采笋期要少施氮肥，注意氮、磷、钾肥的合理配合施用；浇水要适当，不使土壤过干或过湿，保持土壤水分对嫩茎生长的正常供给。

弯曲畸形笋：造成嫩茎弯曲的主要原因是芦笋嫩茎在生长中受到硬土块、石块的挤压或划伤，不能垂直生长而向一边弯曲。如果笋垄培土紧密程度不一致或在采笋后封穴培土不实，致使笋垄软硬、坚实不一致，也会造成嫩茎遇硬而向松的一面弯曲生长。嫩茎因受虫咬或机械损伤而使养分输送受阻，也会造成嫩茎弯曲。为了防止弯曲笋的产生，培垄时应将石块拣净，硬土块拍碎，培垄要拍细培实，采笋后回填土要与周围的土松紧一致，及时防治地下害虫，采笋时避免损伤周围嫩茎等。

3. 温室绿芦笋采收后的保鲜

控制温度对防止芦笋嫩茎质量变差和病原菌增加有重要意义。

芦笋嫩茎在它被收割后仍是一个活的实体。芦笋的呼吸比率在蔬菜和水果作物之中是最高的。因为呼吸作用是利用能量（糖）并且释放热量，则成为嫩茎质量下降的重要因素。芦笋嫩茎在1~2℃弱光低温的条件下，呼吸比率减小到最低水平，芦笋嫩茎可储存3~4个星期，外在质量没有较大变化。

把储藏温度降低到1~2℃，能减少由软腐细菌引起的芦笋嫩茎的崩溃。在保持50~100毫克/千克浓度氯的水或冷却水中漂洗，也可减少嫩茎中细菌的水平，在运输期间限制细菌的传播。冷却水应该是清洁的，蓄水池中的水每天要更换，泥沙要清除。

嫩茎伸长也由温度控制。如果嫩茎粗大的一端接触水分，温度升高嫩茎就更容易很快地伸长。芦笋嫩茎在1℃的温度下保存8天，芦笋嫩茎伸长3.5毫米，在13℃温度下保存8天，芦笋嫩茎伸长25.4毫米。更高的储藏温度将使芦笋嫩茎更快地伸长。运输期间芦笋嫩茎伸长的后果是芦笋嫩茎变质，笋尖畸形。

采收后的芦笋迅速运到储存地点，不超过2小时，立即进入保鲜程序。首先进入一级降温清洗程序，用冰水将芦笋嫩茎温度从20~25℃降至10~12℃，同时清洗泥沙。然后进入分级、切齐、整理程序。将分级、切齐后的芦笋嫩茎进入二级降温消毒清洗程序，用零度冰水将芦笋嫩茎温度从10~12℃降至1~2℃。然后再进入其他程序。

采后处理芦笋的最理想的方法是首先冷却采下的芦笋嫩茎，用水冷却器是大多数有效率、减少体力劳动、降低芦笋嫩茎温度的方法。水冷却器是将芦笋嫩茎在冷却水中移动一段距离，或将芦笋嫩茎沉浸在冷却水中一段时间。在沉浸期间，热量从芦笋嫩茎转移到水中，然后水再被机械的或接触冰块的方法冷

却。如果冷却水的温度是1℃时，把芦笋嫩茎在冷却水中沉浸
10分钟，可将温度从25℃降低到2~3℃。水冷却器是将芦笋放
在一个连续移动的带子或链式传送机上缓慢移动，传送带上方
淋下冷却水。水是通过管子循环使用，水冷却器的顶端是冷却
源。水冷却器依靠接触冰块和底部蓄水池碎冰溶化的冷却水再
循环。淹没型的水冷却器是批量处理系统，在那里可以将一个
批量的芦笋放置在冷却水中，有足够的时间把芦笋嫩茎的温度
降到2~3℃。然后在冷藏室里进行包装储藏。装有芦笋的包装
箱将被再次冷却，在运输之前冷藏箱放置在冷藏库内。

4. 温室绿芦笋采后保鲜程序

保鲜芦笋要求从田间采收到进入储藏不超过4小时，进入
储藏程序后要能安全保存40天。这就要求严格掌握采收储藏
程序。

（1）培训采收人员，采收的芦笋嫩茎必须保证成熟度在1~
2度。

（2）采收时间最好在清晨5—8时或傍晚。

（3）采收后的芦笋迅速运到储存地点，不超过2个小时，
立即进入保鲜程序。

（4）首先进入一级降温清洗程序，用冰水将芦笋嫩茎温度
从20~25℃降至10~12℃，同时清洗泥沙。

（5）然后进入分级、切齐、整理程序。

（6）分级、切齐后的芦笋嫩茎进入二级降温消毒清洗程序，
用零度冰水将芦笋嫩茎温度从10~12℃降至1~2℃，同时用500
毫克/千克抑菌净杀灭芦笋嫩茎表面的细菌。

（7）芦笋表面喷洒保鲜剂。

（8）将经过上述处理的芦笋经过表面风干系统，吹干芦笋
嫩茎表面，装入保温储藏箱。

（9）进入0~2℃恒温保鲜储藏库储藏。

经过上述处理的芦笋可保鲜40天。

第六节 露地芦笋栽培技术

一、选用优良品种

芦笋系多年生宿根草本植物，适应性强，品种较多。一般可选用 UC800 新品种，表现为萌芽早、生长速度快、嫩茎粗细匀称、头部鳞片紧密不易散头、色泽浓绿、商品性好、产量高，植株属矮化型，抗病、抗倒伏，属绿、白笋兼用品种，是目前较为理想的生产用种。

二、营养钵培育壮苗

采用营养钵育苗，有利于提高成苗率，培育壮苗，移栽时植伤轻，有利于壮苗早发，达到适期定植、早期丰产的目的。

1. 备足营养钵

首先选择肥力水平较高的疏松沙壤土作苗床，苗床宽 1.3～1.5 米、深 10～15 厘米。制钵前每立方营养土应施入腐熟好的鸡粪 15～20 千克，磷肥 1 千克，草木灰 5 千克，充分拌匀后打钵。钵体直径 8 厘米以上，钵高 10 厘米，每亩大田需备钵2 500 个。

2. 浸种催芽

芦笋种子外壳厚且有脂质，吸水较慢。首先用 50%多菌灵300～500 倍液浸种 24 小时，再放入 25～30℃温水中浸种 2～3天，每天更换新水 2～3 次。浸种后用干净纱布包好，置于 25～30℃条件下催芽，催芽期间每天用 25℃左右温水淋浇 1～2 次。种子露白即可播种。

3. 适期播种

麦前移栽的可于 3 月上中旬播种，麦后移栽的可于 4 月上中旬播种。播种前营养钵浇透水，每钵 1 粒，播后覆细土 2 厘米厚，然后撒施毒饵防地下害虫。最后畦面平铺地膜，畦上用弓棚盖膜实行双膜覆盖。

4. 苗床管理

苗床管理应以调节温湿度、培育壮苗、防治病虫为中心。出苗前床温白天 20~30℃，晚上不低于 12℃。70%幼苗出土时去除平铺地膜并逐步通风炼苗。当幼苗高 20 厘米左右时，可采取通风不揭膜的办法，使幼苗适应外界环境。此期保持苗床湿润。幼苗瘦弱应补施苗肥，肥水结合。及时去除苗床杂草，发现蚜虫等危害及时喷药防治。

三、土壤选择与整地定植

芦笋适宜土质疏松肥沃、透气性好、土层深厚、有机质含量丰富的沙壤土，有利于根系发育和嫩茎的优质高产。酸碱度过大且黏重的淤土均不适宜芦笋生长。

芦笋是多年生作物，一经定植，土地即无法再全面耕翻。因此，在定植前结合深耕整地，亩施有机肥 3~4 立方米，复合肥 50 千克。耕后耙平，搞好田间灌排工程，南北纹线开挖定植沟。行距 1.2~1.5 米，沟宽 40~50 厘米，深 30~40 厘米。移栽前沟内亩施复合肥 50 千克，饼肥 40 千克，有机 2~3 立方米。均匀施入沟内并与回填土壤混合均匀。移栽时定植沟离地面 10 厘米为宜。每 25~30 厘米定植一株，亩栽 1 500~2 000 穴。做到边起苗边分级，栽植、浇水、覆土等作业一次完成。大壮苗每穴栽一株，弱小苗每穴栽两株，壮弱苗分开定植。定植时要定向栽植，即地下茎着生鳞芽的一端要顺沟朝同一方向，排成一条直线，便于以后培土采笋。幼苗成活新茎出土后，要分期逐步填平定植沟。

四、田间管理

1. 定植当年

芦笋定植后应狠抓以养根壮株，猛促秋发为核心的田间管理工作，才能达到早期速生丰产目的。定植后因植株矮小，应及时中耕除草。如天气干旱，应适时浇水。汛期应及时排涝，严防田间积水沤根死苗。根据苗情补施苗肥 10~15 千克尿素促平衡生长。进入 8 月以后，芦笋进入秋季旺盛生长阶段。应重施秋发肥，大力促进芦笋在 8、9、10 3 个月迅速生长，为明年早期丰产奠定基础。一般亩施有机肥 2~3 立方米、复合肥 50 千克、尿素 10 千克。在距植株 40 厘米处开沟条施。同时注意防治病虫害。入冬后，芦笋地上部分开始枯萎，其植株内营养向地下根部转移，有利壮根春发高产。冬末春初的 2 月，应彻底清理地上植株，减少病害菌源。

2. 定植翌年及以后采笋年

翌年及以后的采笋年，应重点做好科学运筹三肥，留茎、适时摘心等综合防治病虫害，科学采笋三项工作。

（1）科学运筹三肥。三肥即催芽肥、壮笋肥和秋发肥。基本做法是：3 月结合垄间耕翻、培土施好催芽肥，亩施土杂肥 2~3 立方米，芦笋专用肥 50 千克。有利于鳞芽及嫩茎对无机营养需求。6 月上中旬施好壮笋肥（接力肥），亩施尿素 10~15 千克，此次肥料起接力作用，可延长采笋期，提高中后期采笋量。8 月上中旬采笋结束后，结合细土平垄，要重施秋发肥，亩施土杂肥 2~3 立方米，芦笋专用肥 100 千克、尿素 10 千克，促芦笋健壮秋发，为明年优质高产积累营养，培育多而壮的鳞芽。这种三肥配套、合理运筹的施肥模式是芦笋高产优质的基础。

芦笋生长期长，较耐旱而不耐涝渍。但在采笋期间保持土壤湿润，嫩茎生长快、品质好、产量高。此期干旱应适时灌跑马水。汛期注意排除涝渍，防高温烂根等病害发生。

（2）综合防治病虫害。芦笋茎枯病、褐斑病是危害芦笋的主要病害，发病快、危害严重。目前尚无特效药防治。实践证明，采取以农艺措施为主，辅之以加强药剂防治的综合防病虫策略，可取得事半功倍的效果，具体做法如下。

①适时摘心防倒伏：芦笋植株可达 1.5 米以上，任其生长严重影响通风透光，且易倒伏，田间湿度大病害重。当植株达 70 厘米左右时应适时摘心，有利于集中营养，促地下根茎生长。

有条件可拉铁丝，确保植株不倒伏。

②清理田园：清理田园降低浸染源，是防治茎枯病的有效方法之一。2月全面清理田间茎秆，清扫病残枝叶并集中烧毁处理。8月上中旬采笋结束后，结合回土平垄，要彻底清理残桩和地上母茎，鳞芽盘要喷药杀菌消毒。秋发阶段，要定期摘除田间病残枝叶，可极大地减轻病害发生。

③留母茎采笋，延长采笋期：定植后翌年的新芦笋田块，只宜采收绿芦笋。一般4月上中旬长出的幼茎，作为母茎留在田间不采，以供养根株。以后再出的嫩茎开始采收。采收期长短据上年秋发好坏而定，一般可采收30~50天。进入盛产期芦笋田块，5月上中旬前出生的嫩茎可全部采收。5月上中旬视出笋情况每穴留2~3根母株后，可采收至8月上中旬。采收白芦笋田块一般于5月上中旬开始留母茎，每株层留1~2根，可连续采收至8月上中旬。这种留母茎采笋不仅增加了笋农收益，而且避开了7月高温高湿天气造成的发病高峰，减少用药次数，降低成本。

④合理施肥：增施有机肥和磷钾肥，适当控制氮肥用量。可增加土壤有机质，疏松土壤，促进芦笋茎叶健壮生长，提高抗病能力。

⑤抓住有利时机，合理药剂防治：所留茎出土5~7天内，株高达20厘米左右时，采用波尔多液、多菌灵等药剂涂茎。采笋结束后，结合清理残桩，要顺垄喷药保护根盘，消灭根盘及表土层内的病菌。采笋期所留母茎及秋发阶段，在及时清理病残枝叶的基础上，据天气、病情适时喷药防治，并交替用药，提高喷药质量。可选用多菌灵、甲基托布津、代森锰锌、退菌特等。虫害主要有斜纹夜蛾、甜菜夜蛾、棉铃虫、地老虎等危害。夜蛾类可用灭幼脲、农林乐等1 000倍液。防治蚜虫等可用氧化乐果1 000倍液防治，地下害虫可用呋喃丹，土壤处理及敌百虫饵料防治。

五、科学采收

绿芦笋在每天 8～10 时采收。根据商品质量要求将伸出地面 20～24 厘米的幼茎，在土下 2 厘米处割下，集中分级出售。

采收白笋，一般于 3 月 25 号前结合耕整施肥做好扶垄培土工作。要求土壤细碎，作成底宽 60 厘米、高 25～30 厘米、顶宽 40 厘米的高垄。并达到土垄内松外紧，表面光滑。采收期每天 8 时前及 16 时后两次检查垄顶，发现土表龟裂，应扒开表土，用笋刀于地下茎上部采收，采收时不可损伤地下茎。采后将垄土复原拍平，白笋采后要遮阴保管，及时分级出售。

第九章　西　瓜

西瓜为葫芦科植物，一年生蔓生藤本；茎、枝粗壮，具明显的棱。卷须较粗壮，具短柔毛，叶柄粗，密被柔毛；叶片纸质，轮廓三角状卵形，带白绿色，两面具短硬毛，叶片基部心形。雌雄同株。雌、雄花均单生于叶腋。雄花花梗长3~4厘米，密被黄褐色长柔毛；花萼筒宽钟形；花冠淡黄色；雄蕊近离生，花丝短，药室折曲。雌花花萼和花冠与雄花同；子房卵形，柱头肾形。果实大，近于球形或椭圆形，肉质，多汁，果皮光滑，色泽及纹饰各式。种子多数，卵形，黑色、红色，两面平滑，基部钝圆，通常边缘稍拱起，花果期夏季。

西瓜为夏季之水果，果肉味甜，能降温去暑；种子含油，可作消遣食品；果皮药用，有清热、利尿、降血压之效。

第一节　西瓜生长习性

西瓜喜温暖、干燥的气候、不耐寒，生长发育的最适温度24~30℃，根系生长发育的最适温度30~32℃，根毛发生的最低温度14℃。西瓜在生长发育过程中需要较大的昼夜温差。西瓜耐旱、不耐湿，阴雨天多时，湿度过大，易感病。西瓜喜光照，西瓜生育期长，因此需要大量养分。西瓜随着植株的生长，需肥量逐渐增加，到果实旺盛生长时，达到最大值。西瓜适应性强，以土质疏松，土层深厚，排水良好的砂质土最佳。喜弱酸性，pH值5~7。

第二节　西瓜优良品种

1. 早熟品种

（1）黑美人。该品种生长健壮，抗病，耐湿，夏季栽培表现突出。极早熟，主蔓第 6~7 节出现第 1 朵雌花，雌花着生密，夏秋季从开花至果实成熟仅需 22 天。果实长椭圆形，果皮黑色，有不明显条带，单瓜重 2~3 千克，果皮薄而韧，极耐贮运。果肉鲜红色，含糖量 12%，最高可达 14%，梯度小。适合大棚秋延迟栽培。

（2）特小凤。极早熟小果形品种，果实圆形，果形整齐，具有墨绿色条带。果肉晶黄色，肉质细嫩、脆爽，甜而多汁，含糖量 12% 左右，皮薄，较易裂果。耐低温，适合秋、冬、春三季栽培，产量高，一般亩产 1 400~2 000 千克。

（3）早春红玉。该品种生长稳健，耐低温、弱光。极早熟，主蔓第 5~6 节发生第 1 朵雌花，雌花节率高。开花后，在正常温度下 22~25 天成熟。果实圆形，单瓜重 1.5~2.0 千克。果皮深绿色，间有黑色条纹，厚约 3 毫米，不耐贮藏。果肉红色，质细，无渣，含糖量在 12% 以上，口感极佳。产量较高，一般亩产 2 000 千克。春季种植 5 月收获，坐果后 35 天成熟；夏秋种植，9 月收获，坐果后 25 天成熟。早春低温光条件下，雌花的形成及着生性好，但开花后遇长时间低温多雨时花粉发育不良，也存在坐果难、瓜形变化等问题。

（4）红小玉。该品种生长势较强，可以连续结果。果形稍大，单瓜重 2 千克左右，一株可结 3~5 个瓜。果实圆形，具有绿色条带，外观漂亮。皮薄，果肉红色。可溶性固形物含量在 13% 以上。果肉细、无渣，种子少。自雌花开放至果实成熟一般需 28 天左右。

（5）黄小玉。果实高圆形，单瓜重 2 千克左右。果皮厚 0.3 厘米，果皮翠绿色，有虎纹状条带。果肉浓黄色，中心可溶性固形物含量在 12.5% 以上。肉质细、纤维少、籽少，品质极佳。抗病性强，易坐果，极早熟，自雌花开放至果实成熟一般需 26 天左右。

（6）春光。果实长椭圆形，鲜绿色，间有细条带，单瓜重 2.0~2.5 千克，果形周整，不变形、不空心。果肉粉红色，肉质细嫩，含糖量13%，梯度小，风味极佳。果皮薄，仅2~3毫米，具有弹性，不易裂果，耐贮运。植株生长稳健，低温下伸长性好，在早春不良条件下雌、雄花分化正常，坐果性好，易栽培。自雌花开放至果实成熟，早期约需35天，中期约需30天。

（7）早佳。早佳为杂交一代早熟西瓜。果实圆形，单瓜重3~5千克。瓜皮绿色，覆盖有青黑色条斑，皮厚0.8~1.0厘米。果肉粉红色，肉质松脆多汁，中心含糖量12%，边缘9%左右，品质佳。耐低温、弱光照，植株生长稳健，坐果性好，自开花到成熟需28天左右。一般亩产4 000千克，不耐贮运。适宜大棚早熟栽培。

（8）郑杂5号。早熟丰产，从雌花开放到果实成熟需28~30天。果实椭圆形，瓤色大红，肉质沙甜，含糖量为11%，皮厚1厘米，单瓜重4~5千克，极易坐瓜。采收期要求不严，以九成熟为宜。一般亩产3 000~4 000千克。

（9）苏蜜。早熟，耐重茬，抗炭疽病、枯萎病，长势稳健，雌花出现早，易坐果。皮薄且韧，耐贮运。自开花至果实完全成熟需30~32天。果实椭圆形，墨绿色，瓤红、质细。单瓜重4~5千克，含糖量11%以上，亩产3 000~4 000千克。可在轮作2~3年的西瓜重茬地上栽培。

（10）皖杂6号。极早熟，从开花到果实充分成熟仅需25天左右，23天即可采商品瓜。植株长势中等，抗逆性强，适应性广，低温坐果性好。果实圆形，果皮绿色，有深条纹，单瓜重3~4千克，果肉红色，汁多味甜，中心部位含糖量为10.6%~12%。果皮较韧，皮厚1.0厘米，耐贮运。

（11）双星11号。早熟杂交一代种。株型紧凑，适宜密植，低温坐果性好，适宜保护设施特早熟栽培。从开花到果实成熟需26~28天，果实圆球形，果形端正。果皮墨绿色，有暗条纹，皮薄坚韧，耐运输。果肉大红色，含糖量为11%左右。

（12）洛菲林。生育期80~85天，从开花至果实成熟需28

天左右。生长势中等，主蔓第5~6节出现第1朵雌花，以后每隔4节出现1朵雌花。果实圆形，皮青绿色，有网状细条纹。单瓜重4千克左右，果肉鲜红色，汁多味甜，含糖量为10%~12%。

（13）京欣1号。植株长势中等，在主蔓第8~10节出现第1朵雌花，以后每隔5~6节出现1朵雌花。从开花到果实成熟需30天。坐果率高，圆形大果，单瓜重4~5千克。果皮浅绿色，有16~17条深绿色条纹，外观漂亮。瓤鲜红，肉脆沙，不倒瓤，含糖量为11%~12%。皮硬韧，皮厚1厘米，耐贮运。一般亩产3 000千克左右。九成熟采收时果皮较硬，品质最佳。

（14）郑抗1号。早熟、优质、抗枯萎病，全生育期95天左右。第1朵雌花着生在主蔓第8~10节，以后每隔4~6节出现1朵雌花。植株生长旺盛，从开花到果实成熟需32天左右。果实椭圆形，单瓜重5~6千克，大红瓤，小褐籽，肉脆汁多，可溶性固形物含量为11%，果皮薄且韧，极耐贮运。亩产4 000~5 000千克。

（15）状元。台湾农友种苗公司育成的一代杂交种。早熟品种，开花后40天左右即可成熟。以子蔓结果为主，易坐果。果实橄榄形，果脐小，成熟时果面金黄色。单瓜重1.5千克左右，大果可达3.0千克。果肉白色，可溶性固形物含量为14%~16%，肉质细嫩，品质优良。果皮坚硬，不易裂果，耐贮运。株形小，适宜密植，但该品种易早衰，栽培中需加强管理。每亩约产2 500千克。

（16）银岭。台湾农友种苗公司育成的一代杂交种。早熟，耐低温，抗枯萎病。果肉厚，种腔小，果肉淡绿色，品质细嫩，可溶性固形物含量为14%~16%，香气浓郁，品质优良。以子蔓结果为主，单瓜重1.5千克左右，每亩约产2 000千克。本品种在成熟时会脱蒂，应在未脱蒂前采收。

（17）金姑娘。台湾农友种苗公司育成的一代杂交种。早熟品种，开花后35天左右成熟。生长势强，以子蔓结果为主。果实橄榄形，果皮金黄色，果脐小，果面光滑或偶有稀少网纹，外观娇美。果肉纯白色，品质细嫩，风味优良，不易发酵，耐贮运。单瓜重 1.0~1.5 千克。栽培容易，不早衰，二茬果品质尤佳。适宜夏季栽培，亩产 2 500 千克左右。

（18）中甜 1 号。中国农业科学院郑州果树研究所育成的一代杂交种。极早熟品种，全生育期 85~88 天。果实长椭圆形，果皮黄色，有 10 条白色纵沟，单瓜重 0.8~1.2 千克。果肉白色，肉厚 3.1 厘米，肉质细脆爽口，可溶性固形物含量为 13.5%~15.5%。适宜大、小拱棚和地膜覆盖栽培，亩产 2 500 千克以上。

（19）郑甜 1 号。中国农业科学院郑州果树研究所育成的一代杂交种。早熟，全生育期约 90 天，自开花到果实成熟约需 30 天。果实圆形，果皮金黄色，果肉雪白，较厚，细腻多汁，味香甜，可溶性固形物含量为 12% 左右，单瓜重 0.5 千克。适宜保护地栽培。

（20）玉露。该品种植株生长势强，早熟，全生育期为 90~100 天，自开花至果实成熟需 36~40 天。果实球形，果皮乳白色，有稀疏网纹。果肉厚 2.5~2.7 厘米，果肉淡白绿色，肉质较软，品质优良，可溶性糖含量为 14%~15%。单瓜重 700~1 500 克，亩产量为 2 000~2 500 千克。该品种在充分成熟时易落蒂，出现个别裂果现象，较抗病毒病和叶枯病。

（21）新世纪。该品种植株生长势强，结果力强，全生育期为 85~100 天，果实生长时间为 39~45 天。果实橄榄形或椭圆形，果皮淡黄绿色，有稀疏网纹。果肉厚 2.8 厘米，果肉橙黄色，肉质松脆细腻，风味鲜美，可溶性糖含量为 14%~15%。单瓜重 1 000~2 500 克，大的可达 3 000 克以上。果皮硬，果蒂不易脱落，耐贮运。在低温条件下生长良好，亩产量在 2 800 千克左右。

2. 中晚熟品种

（1）抗病冠龙。植株长势强，抗病，耐湿且较易坐瓜。主蔓第 7~9 节出现第 1 朵雌花，以后每隔 5~7 节出现 1 朵雌花，从开花至果实成熟需 34~36 天。果实外形美观，似金钟冠龙。皮厚 1.2 厘米，耐贮运。果肉红色，肉质细脆，口感好，果实中心含糖量达 11% 以上。平均单瓜重 6.0 千克，亩产约 5 000 千克。

（2）聚宝 3 号。全生育期 95 天左右，自开花到果实成熟需 35 天。植株生长稳健，抗枯萎病和炭疽病。易坐果，且坐果整齐，适应性强，可春、夏、秋季栽培。果实椭圆形，果皮浅黄色，绿底色上有深绿色的齿形条纹，瓤色鲜红，质脆味美。含糖量为 11.8%~12.5%，单瓜重 7 千克，亩产约 4 000 千克，耐贮运。

（3）西农 8 号。外形美观，似金钟冠龙，中心含糖量为 12.7%，边缘为 9.8%，瓤红味好，质地细脆。一般第 6 节出现雌花，易坐果，且坐瓜整齐，夏、秋季均可栽培。单瓜重 8.5 千克左右，平均亩产 4 500~5 000 千克。

（4）金钟冠龙。生育期为 110 天左右，自开花至成熟需 33 天左右。适应性强，长势旺，抗枯萎病，易坐瓜。瓜呈椭圆形，皮呈绿色，有深绿色宽条纹，皮坚硬，耐贮运。单瓜重 8 千克左右，含糖量为 12%，八成熟时即可收获，不影响品质风味。平均亩产 4 000 千克左右。

（5）红新龙。生长期为 100 天左右，自开花至成熟需 35 天左右，生长势强，较抗枯萎病。果实椭圆形，果皮绿色，上有深绿色宽条纹，瓜瓤红色，含糖量为 12%~13%。瓜皮坚硬，耐贮运，单瓜重 6 千克左右。

（6）中育 6 号。全生育期 100 天左右，从雌花开放至果实成熟需 35 天。植株长势强，主蔓第 6 节左右着生第 1 朵雌花，以后每隔 5~6 节着生 1 朵雌花。果实圆形，皮黑色，上有暗条纹，皮厚 1.0 厘米，皮薄且韧。瓤呈红色，肉质硬脆，含糖量为 10% 左右。单瓜重 4~5 千克，亩产 4 000 千克左右。采收期要求严格，不宜早采，耐运输。

（7）景丰宝。植株长势强，一般第5~6节出现第1朵雌花，以后每隔5~6节出现1朵雌花。果实椭圆形，果皮绿色，瓜瓤纯红色，中心含糖量为12%，且糖分梯度小，瓜肉细腻多汁，小籽，纤维少。平均单瓜重12千克，平均亩产5 000千克。抗炭疽病和枯萎病。

（8）丰收2号。生长期100天左右，从雌花开放到果实成熟需40天左右。植株长势强，主蔓第10节着生第一朵雌花，以后每隔6~8节着生一朵雌花。果实椭圆形，单瓜重5千克。果皮深绿色，上有墨绿色窄网纹。皮厚1.1~1.3厘米，坚韧。果肉红色，肉质脆，含糖量为11%。抗性强，适应性广，耐贮运。

（9）新红宝。生长期为110~120天，适应性强，生长稳健，较抗枯萎病，瓜呈椭圆形。果皮淡绿色，有青色网纹，果皮坚硬。瓤深粉红色，不易空心、塌瓤，耐贮运，含糖量为10%~12%。

（10）齐红。植株长势强，主蔓第8节着生第1朵雌花，以后每隔7~8节着生1朵雌花。果实长椭圆形，单瓜重5千克以上。瓜皮厚1.0~1.1厘米，坚韧，耐贮运，较抗枯萎病和炭疽病，不抗病毒病，亩产4 000千克以上。

（11）蜜世界。台湾农友种苗公司培育的一代杂交种。该品种全生育期为90~100天，果实发育期为50~55天。植株生长势较强，结果能力强，果实椭圆形，果皮淡白绿色，果肉厚3厘米左右。果面通常无网纹，湿度大或低节位结瓜时，有稀网纹，果肉翡翠绿色。单瓜重1 400~2 000克，果蒂不易脱落，较耐贮运。品质优良，风味鲜美，低温下果实膨大良好，刚采收时肉质较硬，经数天后，果肉会变软，含糖量为14%~16%。

（12）大庆蜜瓜。该品种株幅小，株型紧凑，植株生长势中等偏强，适合支架（吊蔓）栽培。该品种结果率高，易坐瓜，幼果呈淡绿色，成熟后呈淡黄色，布有网纹。果实圆球形或阔卵圆形，单瓜重750~1 000克，果肉厚3厘米，成熟初期质脆，贮存后变软，风味优，甘甜多汁，含糖量为14%~16%。全生育期为 110 天，果实发育期为 40~45 天，对弱光和高湿的环境适应性强。苗期较耐低温，抗霜霉病、炭疽病和枯萎病，亩产 2 000 千克以上。

（13）特大蜜露。蜜露型杂交品种。该品种植株生长势强，耐湿，低温结瓜能力特强。果实圆球形，乳白色，光滑。果肉淡绿色，果肉厚 3.5 厘米左右，单瓜重 1 500~2 000 克。植株全生育期为 100~110 天，开花后 50 天左右可采收。果实成熟后香味浓，肉质柔软，细嫩多汁，耐贮运，亩产 2 500 千克以上。

（14）西薄洛托。从日本引进的一代杂交种。该品种植株生长势较强，连续结瓜能力强，果皮乳白色、透明，果肉白色，果实椭圆形。株型较小，适于密植，授粉坐果后 40 天成熟。单瓜重 1 500~2 000 克，香味浓，含糖量为 16%~18%。全生育期为 100 天，温室栽培 130 天。亩产 2 500~3 000 千克，是洋香瓜中的极品，适合温室、大棚栽培，耐贮运。

第三节　西瓜栽培技术

一、根据西瓜需水规律浇水

西瓜幼苗期需水量少，所以前期可适当减少浇水次数和浇水量。种植时，一般底水要浇足，苗期可不再浇水，如出现旱象，可适当地浇少量水。移栽时，若底水不足，可在浇定植水后不封窝，第二天再浇一次稳苗水，然后封窝。伸蔓期浇水应该掌握土壤见湿见干的原则，即早晨土壤湿润，中午变干发白，经过夜间返潮后，第二天土壤仍然湿润。伸蔓末期，临近开花时应该控制浇水。西瓜褪毛之后进入果实膨大期，需要大量的水分，同时，气温升高，地面的蒸发量和蒸腾量都比较大。因此，这段时间需要保证充足的土壤水分供应，以促进果实发育。若此时缺水受旱，则影响西瓜的产量。西瓜褪毛时，结合膨瓜肥浇一次膨瓜水，以后每隔 5~7 天浇一次水。西瓜定个后，其体积和重量都很少增加，主要是果实内部的糖分转化，此时应控制浇水，收获前 7 天停止浇水，以提高西瓜的品质，减少裂果。

二、冬季浇水应注意的问题

晴天浇水，阴天不浇，晴天的水温和气温都较高，浇水后不会明显降低地温。

午前浇水，午后不浇，一般上午日出后 2 小时左右，地温明显回升后开始浇水。上午浇水，气温较高时可适当放风排湿，降低温室内的湿度，预防病害；下午浇水，因为温度低不能放风排湿，容易发生病害。

浇小水，不浇大水，因为浇水量越大，地温下降的幅度也就越大，所以冬季浇水要控制浇水量，只浇小沟，不浇大沟，严禁大水漫灌。

浇井水，不浇河水，直接用河水会明显降低地温，对生长不利。而井水受地热的影响，水温较高，不会使地温影响太大。

最好在温室内的一侧建一水池，把水先注入池内，池口用薄膜封住，防止池水向温室内蒸发，增加温室内的湿度，利用温室的热量给水加温后再浇。

采用膜下浇水，利用地膜来阻止水分蒸发到温室内，以免增加温室内的湿度。

三、施肥应掌握的要点

不要单一施用大量氮肥，不宜施含氯离子的化肥，因为氯离子进入植株体内会降低果实的含糖量，使瓜味变酸，品质变劣，应施硫酸钾、磷酸二氢钾之类的肥料。

不宜偏施氮肥，偏施氮肥植株体内的氮化物过多，果肉中所含的糖就会减少，质量降低，肉嫩味淡，色浅皮厚，味酸。同时，偏施氮肥还易造成藤叶疯长，影响结果率。不宜在土壤干旱时施浓肥，土壤干旱时施浓肥，会使西瓜根系细胞质水溶液向外渗透，引起细胞质壁分离，西瓜藤叶因生理失水而枯萎，甚至枯死。因此，土壤干旱时应施低浓度肥，并做到先浇水后施肥，或施肥与浇水同时进行。

不宜在阴雨天施肥，阴雨天空气湿度大，土壤含水量高，这时施肥不仅肥料易流失，而且会造成枝蔓和叶片徒长，使叶嫩藤脆，不利于坐瓜稳瓜，并易诱发西瓜发生病害。

不宜靠近西瓜根部施肥，瓜蔓伸展后，根系也向远处扩展，这时靠近根部施肥反而得不到充分吸收和利用。同时，太靠近根部施肥易烧根，故施肥应离根稍远些。肥料如施在土壤表层，肥料不但易挥发损失，而且还易烧伤瓜苗。西瓜追肥以深施为好，应开穴施用，施后覆土，并结合浇水。

四、追肥应掌握的要点

西瓜苗期追肥主要是促进根系发育，加速地上部分的生长，应追施少量速效性氮肥。4~5 片真叶时，在距根 10 厘米左右处挖环形浅沟，每亩地施尿素 15~25 千克，施后及时覆土。水浇地西瓜在 5~6 片真叶期时，沿主蔓一侧开沟浅施尿素，每亩地22 千克左右。中耕松土后施用效果更好。

西瓜伸蔓期追肥应以既促使茎叶快速生长，又不引起植株徒长为原则。西瓜伸蔓初期每亩地施尿素 7~10 千克、硫酸钾 3~5 千克，沿施肥沟施入后覆土。追施果肥应在田间大部分植株已结果、幼果鸡蛋大小时进行，以促进果实发育膨大，保持植株的生长势。当果实生长至直径 15~25 厘米时追施第 2 次肥，每亩地施尿素 7~10 千克、硫酸钾 5~6 千克。采收前 7 天应停止追肥，提高品质。

五、断根嫁接的要点

选用合适的西瓜砧木品种，断根嫁接的砧木要求下胚轴易长出不定根，容易诱发新根；断根后易发新根，易于嫁接，易于成活；嫁接后地上部生长势强，抗叶部病害，对果实品质影响小。

砧木种可直接撒播在苗盘中，不必播在穴盘或营养钵中。砧木植株较大，可适当稀播，苗盘可装营养土。砧木与接穗均播在苗盘中，不仅减少了冬季温室的育苗面积，而且便于管理。砧木长出 1 片真叶、接穗子叶展开即开始嫁接。

将砧木的茎在紧贴营养土处切下，然后去掉生长点，左手的食指与拇指轻轻夹住子叶节，右手拿小竹签沿平行于子叶的方向插入，竹签的尖端正好到达拇指处，竹签暂不拔出；接着将西瓜苗垂直于子叶方向下方约 1 厘米处的胚轴斜削 1 刀，削面长 0.3~0.5 厘米，拔出竹签，立即将削好的西瓜接穗插入砧木，使其斜面向下，与砧木插口的斜面紧密相接；然后将已嫁接好的苗直接扦插到装有营养土的穴盘或营养钵中。

早春气温低，要使嫁接苗有较高的成活率，需要保持较高的土温与湿度，以利于砧木发根及伤口愈合。提高地温，嫁接苗诱根期，即嫁接后 5 天内地温应不低于 20℃，同时在拱棚膜上加盖草苫遮光。嫁接苗伤口愈合的适宜温度是 22~25℃，刚嫁接的苗在白天应保持 25~26℃，夜间 22~24℃。嫁接后 2~3 天可不通风，晴天遮光，以后逐渐缩短遮光时间，直至完全不遮光，根据天气情况适当通风。一般来说，断根嫁接法的闭棚时间比传统插接法要长 1~2 天。若温度合适，保湿好，则嫁接5~6 天即可诱发出新根。6~7 天后应增加通风时间和次数，适当降低温度，白天保持在 22~24℃，夜间 18~20℃。只要床土不过干、接穗无萎蔫现象，就不浇水。如需浇水，可适当在水中施用一些杀菌剂（多菌灵与硫酸链霉素），防止病害的发生。轻度萎蔫亦可不遮光，或仅在中午强光时遮 1~2 小时，使瓜苗逐渐接受自然光照，晴天白天可全部打开覆盖物，接受自然气温，夜间仍覆盖保温，以达到炼苗的目的。

嫁接后 15~20 天，嫁接苗 2~3 片真叶时定植。砧木腋芽要及时抹除，以免影响接穗生长，但不可伤及砧木的子叶，嫁接的刀口不要靠近地面，应高出地面 1.5~2.5 厘米，在定植后及时摘除砧木发出的新芽。

六、疯秧的防治方法

苗床或大棚要适时通风降温，特别是夜间温度不要太高。

适当改善光照条件，增加光照强度，同时减少空气湿度。对于疯长植株，可采取整枝、打顶、人工辅助授粉促进坐果等措施抑制营养生长，促进生殖生长。

控制基肥的施用量，前期少施氮肥，注意磷、钾肥的配合，这是防治疯秧最根本的措施。

重压龙头，即在靠近茎尖部位的地面上挖一个较深的压蔓槽，将嫩茎压入槽内，可有效地控制顶端优势，抑制植株徒长。

逆压法，即挖一个深的坑，捏紧茎蔓，朝瓜根的方向逆向将其推进坑内，使后面的蔓向上拱起，然后填土拍实，这样能有效地控制旺长，提高坐果率。

七、倒秧和盘条

植株生长到团棵期，主蔓长 20～40 厘米时，要将处于半直立生长状态的瓜秧按预定方向放倒，使其匍匐生长，称为倒秧。在伸蔓前期，由于植株正由直立生长过渡为匍匐生长，容易因风吹摇动而使植株的下胚轴折断。为避免植株受伤影响正常生长，同时也有利于以后的压蔓，需将植株向一侧压倒，使瓜秧稳定。在植株一侧挖一条深、宽各约 5 厘米的小沟，将根茎周围的土铲松，一只手拿住植株的根茎部，另一只手拿住主蔓顶端轻轻地扭转植株，按预定的方向压倒在沟内，再将根茎周围的表土整平，用土盖严地膜的破口，压紧拍实，防止其再直立生长。

倒秧后，当主蔓伸长到 40～60 厘米时，将主蔓和侧蔓分别引向植株的另一侧，弯曲成半圆形后将主蔓与侧蔓先端转向压入土中，这种作业在生产上称为盘条。盘条可缩短西瓜栽植的行距，有利于密植，还能控制植株的生长强度，使瓜蔓生长一致，便于栽培管理。中晚熟露地栽培一般均需此项作业。在实际操作时应注意盘条的时间，过晚则植株盘条部位的叶片多而大，盘条后瓜蔓弯曲处的叶片乱而重叠，恢复正常生长的时间长，影响植株的生长和坐瓜。

八、整枝方法

西瓜枝蔓生长旺盛，分枝能力强，整枝留蔓的数量因选用的品种、定植密度、气候条件、土壤肥力等因素而异，生产中较常用的有单蔓整枝、双蔓整枝和三蔓整枝。单蔓整枝是在主蔓生长到50~60厘米时，保留主蔓，摘除主蔓上萌发的全部侧枝。双蔓整枝是除主蔓外，在植株基部第3~8节叶腋处选留一个生长健壮的侧蔓，主蔓上其余的侧蔓全部去除，主蔓和侧蔓的距离为30~40厘米，平行向前生长。还有一种双蔓整枝方式为主蔓摘心后，选留植株基部两条健壮的侧蔓并行生长。三蔓整枝是在保留主蔓的基础上再选留两条健壮的侧蔓，其他侧蔓及时摘除。因选留的侧蔓和伸蔓方向不同，又分以下两种方式：第一种为在主蔓基部选留两条侧蔓，与主蔓一起延伸生长；第二种为在距主蔓基部30~60厘米处选留两条健壮的侧蔓，与主蔓一起生长。

九、压蔓方法

压蔓主要是为了使瓜蔓均匀分布，防止互相缠绕，改善植株枝叶的通风透光条件，提高光合效率。一般情况下，瓜蔓应向同一方向爬，大棚栽培为了提早成熟、方便管理，可采取大小行种植，使同一株的瓜蔓朝相反方向爬。双行的地面中间只栽1行，密度加倍，整蔓时主蔓向棚中间爬，侧蔓则朝棚边方向爬。压蔓时，一般常用土块将瓜蔓压在畦面上进行固定。当植株生长较旺盛时可重压，即压蔓部位距先端生长点较近并压大土块，使瓜蔓生长变慢；当植株生长势较弱时要轻压，即压蔓部位距先端生长点较远并压小土块，以促进瓜蔓生长。每隔5~7片叶压一次，压蔓时要注意雌花出现的节位，在坐果节位前后两节内不宜压蔓，以免损伤幼果影响坐瓜。主蔓一般可压三次，第一次整枝时压一次，坐瓜前后各压一次。侧蔓压一次固定即可。压蔓最好在下午进行，因为上午瓜蔓含水量较高，脆而易折，易造成瓜蔓损伤。

十、留瓜方法

第一朵雌花形成的果实，由于果型小、形状不圆整、皮厚，一般不留用。而高节位的瓜成熟期较晚，同时由于生长旺盛造成坐果困难，生产上多采用主蔓上的第二朵、第三朵雌花结果，大致的节位为第 15~25 节，距根部 80~100 厘米。留果节位与品种、栽培方式、坐果期气候条件及植株生长状况有关。早熟品种雌花发生较早，通常选留主蔓上的第二朵雌花。西瓜授粉以后，1 株瓜秧可同时坐 2~3 个幼瓜，留瓜时注意选留那些瓜柄粗长、瓜色明亮、瓜毛粗长的幼瓜，这样的幼瓜发育快、个大、瓜形正，多余的幼瓜应及早摘除。若留双瓜，则选留节位相同、长势相同的两个幼瓜，其余幼瓜摘除。

幼瓜长至 500 克左右时，应把幼瓜及时吊住。可在瓜行间南北方向拉钢丝，钢丝部位高于坐瓜部位 15 厘米左右，然后用塑料绳系住幼瓜瓜柄，拉紧后系在上部钢丝上。

十一、提高坐瓜率的措施

选择易坐果的品种，这类品种的植株长势中等或偏弱，坐果性强，对环境温度、光照和肥水条件反应不敏感，有利于提高坐果率。植株生长前期应适当控制肥水，特别是要减少氮肥的使用，以免植株营养生长过旺。坐果前要严格控制氮素化肥的使用量，增加磷肥和钾肥的用量，减少灌溉次数。在伸蔓前后适当施肥浇水，促进枝蔓生长，在坐果节位的雌花开放前 1 周控制肥水，以免茎蔓徒长，保证坐果。利用整枝压蔓调控植株生长，促进坐果。根据栽培密度和栽培品种，合理选用整枝方式，调控植株营养生长和生殖生长的关系。当植株可能出现徒长时，采用深压重压的方法控制枝蔓旺长，也可在坐果节位的雌花出现后，在坐果节位前留 5~7 片叶摘心，抑制瓜蔓的生长势，促进坐果。对于植株生长势强、坐果困难的品种，可在主蔓 6~7 片叶时摘心，利用侧蔓缓和生长势，促进结果。

十二、空秧的解决方法

（1）温度引起的空秧。西瓜是喜温作物，其生长发育的温度是15~35℃，28~30℃为适温，15℃以下或40℃以上会抑制生长，发生生育障碍，雌花和子房发育不良导致落果、化瓜，以致引起西瓜空秧。

（2）光照引起的空秧。光照不足使植株茎蔓伸长，不能正常转入生殖生长，导致花粉不能正常受精而产生空秧。

（3）水分引起的空秧。西瓜在生长中遇到持续高温干旱天气时，空气湿度相对较小，土壤含水量低，引起营养生长不良，造成植株弱小，使雄花的花粉发育不良，雌花不能完全受精而发生落花和化瓜，从而导致空秧。开花期遇雨，雨水落到柱头和花药上，导致花粉不能正常受精而产生空秧。

（4）营养不足引起的空秧。在西瓜生长过程中，由于营养不足，出现化瓜、空秧。

对症下药解决空秧，调节播种期，使得温度适合西瓜生长发育的需要；及时整枝，解决相互遮阳、光照不足的问题；适时进行水肥管理，劳作过程中尽量避免闲杂人员进入，减少人为造成的空秧。

十三、防止落花落果的措施

西瓜在开花坐果期和果实发育期对温度、湿度、光照的要求比较严格。在25~30℃的适温条件下，西瓜坐果期为4~6天，这期间若环境条件不适宜，极易引起落花落果。在开花期遇到低温、阴雨等不利条件时，会影响正常的授粉受精，从而引起落花落果。西瓜是强光照作物，若光照不足，会严重影响植株所需光合产物的生成和供给，造成器官发育不良，植株生长势减弱，从而引起化瓜，这种情况在早春保护地栽培易发生。开花结果期若水分不足，则雌花子房发育受阻，影响坐瓜。开花结果期氮肥偏多，会引起营养生长过旺，生殖生长受到抑制，花、果由于营养不足而脱落。植株密度大，光照不足，会引起营养生长过旺，影响生殖生长，不易坐瓜。西瓜与高秆作物套作，如果行距偏小，易造成遮光严重、通风不良，影响西瓜生长，造成落花落果。

针对出现的容易造成落花落果的各种因素进行分析，对症下药进行防治会起到事半功倍的效果。

第十章 甜 瓜

甜瓜是葫芦科甜瓜属一年生蔓性草本植物。茎、枝有棱。卷须纤细，单一，被微柔毛。叶柄长具槽沟及短刚毛；叶片厚纸质，上面粗糙，被白色糙硬毛。花单性，雌雄同株。雄花：数朵簇生于叶腋；花梗纤细；花冠黄色；雌花：单生，花梗粗糙，被柔毛；子房长椭圆形。果实的形状、颜色因品种而异，通常为球形或长椭圆形，果皮平滑，有纵沟纹，或斑纹，果肉白色、黄色或绿色，有香甜味；种子污白色或黄白色，卵形或长圆形，先端尖，表面光滑。花果期夏季。为盛夏的重要水果。

第一节 甜瓜的生长习性

一、土壤

甜瓜对土壤要求不严格，但以土层深厚，通透性好，不易积水的沙壤土最适合，甜瓜生长后期有早衰现象，沙质土壤宜作早熟栽培；而黏重土壤因早春地温回升慢，宜作晚熟栽培。甜瓜适宜土壤为 pH 值 5.5~8.0，过酸、过碱的土壤都需改良后再进行甜瓜栽培。

二、光照

甜瓜喜光照，每天需 10~12 小时光照来维持正常的生长发育。故甜瓜栽培地应选远离村庄和树林处，以免遮阴。保护地栽培时尽量使用透明度高、不挂水珠的塑料薄膜和玻璃。

三、温度

甜瓜喜温耐热，极不抗寒。种子发芽温度 15~37℃，早春露地播种应稳定在 15℃以上，以免烂种。植株生长温度以 25~

30℃为宜，在 14~45℃内均可生长。开花温度最适 25℃，果实成熟适温 30℃。而气温的昼夜温差对甜瓜的品质影响很大。昼夜温差大，有利于糖分的积累和果实品质的提高。

第二节　甜瓜优良品种

一、白皮品种群

瓜皮乳白色、绿白色或黄白色。

（1）龙甜 1 号。生育期 70~80 天。果实近圆形，幼瓜绿色，成熟时转为黄白色，瓜面光滑有光泽，有 10 条纵沟，平均单瓜重 500 克。瓜肉黄白色，厚 2~2.5 厘米，质地细脆，味香甜，折光糖含量约 12%，高的达 17%，品质上等。种子白色长卵形，千粒重 12.5~14.5 克，单瓜种子数 500~600 粒。单株结瓜 3~5 个，每亩产量 2 000~2 250 千克。

（2）齐甜 1 号。早熟种。生育期 75~85 天。瓜长梨形，幼瓜绿色，成熟时转为绿白色或黄白色，瓜面有浅沟，瓜柄不脱落。瓜肉绿白色，瓤浅粉色，肉厚 1.9 厘米左右，质地脆甜，浓香适口，折光糖含量约 13.5%，高的达 16%，品质上等。单瓜重 300 克左右，每亩产量 1 500~2 000 千克。

（3）益都银瓜。有大银瓜、小银瓜、火银瓜之分，以大银瓜种植面积最大。大银瓜属中熟种，生育期约 90 天，果实发育期 30~32 天。瓜圆筒形，顶端稍大，中部瓜面略有棱状突起。单瓜重 0.6~2 千克，瓜皮白色或黄白色，白肉，肉厚 2~3.5 厘米，肉质细嫩脆甜，清香，折光糖含量 10%~13%，品质极优。较抗枯萎病，但不耐贮运。种子白色，千粒重 14 克左右，丰产性好。每亩产量 2 000~2 500 千克。

（4）梨瓜（雪梨瓜）。中熟种，生育期约 90 天。瓜扁圆形或圆形，顶部稍大，瓜面光滑，近脐处有浅沟，脐大，平或稍凹入，单瓜重 350~600 克。幼瓜皮浅绿色，成熟后转白色或绿白色。瓜肉白色，厚 2~2.5 厘米，质脆味甜，多汁清香，风味似雪梨，故又名雪梨瓜。折光糖含量 12%~13%，高者达 16%。种子白色，千粒重约 13.6 克。丰产性好，每亩产量约 2 000千克。

（5）白兔娃。中熟种，生育期约 90 天，果实发育期 33~35天。瓜长圆筒形，蒂部稍小，瓜皮白色或微带黄绿色，瓜面较光滑，单瓜重 400~800 克。瓜肉白色，厚 2 厘米左右，质脆，过熟则变软，瓜柄自然脱落。折光糖含量约 13%，品质中上等。种子白色。每亩产量 1 500~2 500 千克。

（6）华南 108。中熟种，生育期约 90 天。瓜扁圆形，顶端稍大，瓜脐大，脐部有 10 条放射状短浅沟，幼瓜皮白绿色，成熟时转白带微黄色，瓜面光滑，单瓜重 500~700 克。瓜肉白绿色或黄绿色，厚 1.8 厘米左右，肉质沙脆适中，带蜜糖味，香甜可口，折光糖含量 13%以上，高者达 16%，种子黄白色。适应性广，耐贮运。

（7）台湾蜜。瓜阔圆形，四心室，幼瓜绿色，成熟后转黄白色，有 10 条纹。瓜肉黄白色，厚 1.85~1.9 厘米，肉质脆甜，折光糖含量 12%~16%。瓤橘黄色，种子黄白色，千粒重约13.6 克。单瓜重 260~350 克，单株结瓜 4~5 个。每亩产量2 500~3 500 千克。

二、黄皮品种群

瓜皮呈黄色或金黄色。

（1）黄金瓜。早熟种，生育期约 75 天。瓜圆筒形，先端稍大，瓜形指数 1.4~1.5，单瓜重 400~500 克。瓜皮金黄色，表面平滑，近脐处具不明显浅沟，脐小，皮薄。瓜肉白色，厚 2厘米，质脆细，折光糖含量约 12%，品质中上等，较耐贮藏。种子白色，千粒重约 13.9 克。抗热、抗湿。

（2）十棱黄金瓜。又名十条锦瓜或黄十条筋。早熟种，生育期约 80 天。瓜椭圆形，瓜形指数 1.3~1.4。瓜皮金黄色，有明显的十条白色棱沟，脐小而平，皮薄而韧，单瓜重 300~400

克。瓜肉白色，厚 1.5~1.8 厘米，质脆味香，品质佳，折光糖含量约 11%，胎座白色，种子乳白色，千粒重约 12 克。

（3）黄金坠。早熟种，生育期 80 天左右。瓜椭圆形，瓜形指数 1.2~1.3，瓜皮黄色或金黄色，瓜面光滑，单瓜重 400~650 克，瓜肉白色，厚 2.4 厘米左右，肉质酥脆，汁多香甜，折光糖含量约 12.7%，品质上等，种子红色。

（4）喇嘛黄。早熟种，生育期约 82 天。瓜长卵形，瓜皮黄色，表面光滑有浅沟，单瓜重 450~700 克。瓜肉乳白色，厚 2.5 厘米，肉质脆，折光糖含量 11%~13%，品质中等，种瓤橘黄色，种子浅黄色，千粒重约 18 克。

（5）荆农 4 号。中早熟，生育期约 85 天。瓜短筒形，单瓜重 500~700 克。瓜皮黄色，有 10 条白绿色浅纵沟，皮薄而韧。瓜肉黄白色，厚 2 厘米左右，肉质细脆味甜，折光糖含量 13% 以上，高者达 16%，品质上等。胎座及种子均为黄白色，千粒重约 15.6 克。耐涝，抗旱，抗病，丰产性好，每亩产量 2 000~2 500 千克。

（6）广州蜜瓜。中早熟，生育期约 85 天。瓜扁球形，单瓜重 400~500 克。幼瓜皮白色，成熟后转黄色，表面平滑美观，脐小。瓜肉绿白色，厚 2 厘米左右，肉质脆沙适中，折光糖含量 13% 以上，最高达 16%，香味浓郁，品质上等。种子白色，千粒重约 13 克。每亩产量 1 500~2 000 千克。较抗枯萎病，不抗霜霉病。

三、绿色品种群

瓜皮灰绿色、绿色或墨绿色。

（1）羊角脆。早中熟种，生育期约 85 天。瓜长锥形，一端大，一端稍细而尖，弯曲似羊角，故名。平均单瓜重 665 克，瓜形指数 2.1。瓜皮灰绿色，肉色淡绿，厚 2 厘米左右，肉质地松脆，汁多清甜，折光糖含量 11.7% 左右，品质中上等。每亩产量约 1 500 千克。

（2）王海瓜。中熟种，生育期约 90 天。瓜筒形，瓜皮深绿色具有 10 条淡黄色浅纵沟，果脐大，平均单瓜重 600 克，最大可达 800 克。瓜肉白色，厚 2 厘米左右，肉质细脆，多汁味甜浓香，折光糖含量 12%～15%，最高达 17%，风味好，品质上等，耐贮运。

（3）海冬青。中熟偏晚，生育期 90 多天。瓜长卵形，瓜形指数 1.5 左右，单瓜重约 500 克，皮灰绿色，间有白斑，瓜面平滑，脐小。绿肉，肉厚约 2 厘米，味甜质脆，折光糖含量 10% 以上，品质优良。胎座浅黄色，种子千粒重 10 克左右。

（4）青平头。中熟种，生育期 85～90 天。瓜长卵形，顶部大而平。瓜面灰绿色、覆细绿点，并有 10 条灰白色较窄浅沟，单瓜重约 500 克。瓜肉淡绿色，厚 2.5 厘米左右，肉质细脆，多汁，清甜，品质上等，折光糖含量约 14%，种子千粒重约 19 克。

（5）九道青。中熟种，生育期约 90 天。瓜长卵形，顶部稍宽，脐大略陷。瓜柄细，单瓜重 600～1 000 克。皮深绿色，有 10 条淡绿色浅沟。肉绿白色，质脆较甜，折光糖含量 12% 左右，品质中上等，产量高。

（6）金塔寺。中晚熟，在兰州地区生育期 90～100 天。瓜卵圆形，瓜形指数 1.1，平均单瓜重 500 克，最大者达 600 克。瓜皮灰绿色，成熟后有黄晕。瓜脐大而突起，近脐部有 10 条纵沟。瓜肉浅绿色，皮薄质脆，汁多味甜，微香，折光糖含量 10% 左右，品质上等。胎座绿黄色，种子浅黄色，小似米粒，千粒重约 8.5 克，单瓜种子数约 550 粒。单株坐瓜 2～4 个，每亩产量约 1 500 千克。

四、光皮系列

（1）西薄洛托。从日本引进。早熟，优质高产，外形美观，果实发育期 40～45 天。植株生长势后期较强，结瓜能力强，单株可结 2～3 个瓜，抗病和抗逆能力较强。瓜圆球形，皮白色透明光滑，外形美观。瓜肉白色，味美具有香味，肉质厚实松脆，水分多，中心折光糖含量 15%~17%。单瓜重约 1.2 千克，每亩产量 2 000~2 500 千克，高产田块可超过 3 000 千克。

（2）古拉巴。从日本引进。早熟，优质高产，果实发育期 40~45 天。低温条件下结瓜力和坐瓜性较强。瓜高圆形，瓜皮白绿透明光滑，外观高雅。瓜肉绿色，肉厚，肉质细嫩多汁，中心折光糖含量 15%~16%。单瓜重 1.2 千克左右，每亩产量 1 500~1 800 千克。

（3）女神。台湾种。较蜜世界早熟，果实发育期 40~45 天。低温条件下结果能力强，耐贮运，耐蔓割病。瓜短椭圆形，瓜皮淡白色光滑或偶有稀少网纹发生。瓜肉淡绿色，肉质柔软细嫩，中心折光糖含量 14%~16%。单瓜重 1.5 千克左右。适合温室或大棚栽培。

（4）美玉。极早熟，全生育期约 105 天，果实发育期 35~40 天。植株生长势中等偏强，抗病强。瓜椭圆形，皮乳白色，肉青白色，肉厚 3.5 厘米左右，瓜腔小，肉甘甜多汁，风味清香纯正，中心折光糖含量 15%~17%。单株结果 1.5 个，单瓜重 1~1.5 千克，最大可达 2 千克，大棚栽培每亩产量 3 000 千克左右。株幅小、紧凑，叶柄开张度 35°，宜密植，叶片呈心脏形，平展色浓绿，最大叶面积 14 厘米×15 厘米，节间 6~8 厘米。

（5）蜜世界。又名蜜露，台湾种。中熟，果实发育期 45~55 天。植株生长势强，优质，抗病，糖度高，丰产性好，耐贮运。瓜高圆形，皮淡白绿色光滑，偶有稀少网纹，瓜肉淡绿色，肉厚，肉质柔软细嫩多汁，风味鲜美。刚采收的瓜肉质较硬，经后熟数天瓜肉软化后食用，汁多，风味佳，中心折光糖含量 14%~16%。单瓜重 1~1.5 千克，每亩产量 2 000~2 500 千克。适宜于保护地栽培。

（6）蜜天下。台湾种。早熟，果实发育期 40~45 天。植株生长势强，优质，抗病，糖度高，高温时品质稳定，丰产性好，耐贮运。瓜高球形，皮淡白色光滑或偶有稀少网纹。瓜肉淡绿色，肉厚，肉质细嫩多汁，风味鲜美。刚采收的瓜肉质较硬，经后熟数天瓜肉软化后食用，汁多，风味佳，中心折光糖含量15%~17%。单瓜重1~1.5千克，每亩产量2 000~2 500克。适宜于保护地栽培。

（7）玉菇。台湾种。中熟，果实发育期40~45天。植株生长势强，叶片大，茎粗壮，侧枝发生多，优质，抗病，糖度高，高温时品质稳定，耐低温，早春低温环境条件下结瓜力强，丰产性好，耐贮运，产品适销。瓜高球形，皮淡绿白色光滑，偶有稀少网纹，瓜肉淡绿色，肉厚4.5厘米左右，肉质柔软细嫩，汁多味甜，风味鲜美，中心折光糖含量16%~18%。单瓜重1~1.4千克，每亩产量2 000~2 500千克。适宜于保护地栽培。

（8）蜜橙。台湾种。早熟，果实发育期30~40天。生长势中等强，适宜密植，宜八成熟时采收。瓜高球形，皮乳白黄色，外观端正美丽，瓜肉橙色，肉质细爽，品质佳，中心折光糖含量14%~17%。单瓜重1.5~2千克。适合高温期栽培，若低温期播种，则瓜小。

（9）伊丽莎白。特早熟，优质丰产，外观美，适温下果实发育期30~35天。抗病、抗逆力较强。瓜皮黄艳光滑，瓜肉厚2.5厘米左右，汁多味甜，具浓郁香味，瓜形整齐，坐瓜性好，果实转熟快，种子黄色，中心折光糖含量14%~16%。单瓜重400~600克，每亩产量1 500~2 000千克。适宜于保护地栽培。

（10）朱丽亚。从日本引进。瓜高圆形，外皮金黄色，富有光泽。单瓜重1.2~2.5千克。瓜肉白色，种腔较小圆形，肉厚3.5厘米左右，薄皮，香气浓郁，松脆多汁，甘甜，中心折光糖含量13%以上，口感好。种子白色，千粒重约20克。

五、哈密瓜类型

（1）雪里红。又名长白瓜。早中熟，果实发育期约40天。瓜皮白色，偶有稀疏网纹，成熟时白里透红。瓜肉浅红，肉质细嫩，松脆爽口，中心折光糖含量15%左右。易发生蔓枯病。

（2）金凤凰。中熟，果实发育期约 45 天。中抗白粉病。瓜长卵形，皮色金黄，全网纹，外观美丽。瓜肉浅橘色，质地细松脆，蜜甜微香，中心折光糖含量 15% 左右。平均单瓜重 2.5千克。

（3）仙果。早熟，果实发育期约 40 天。中抗病毒病、白粉病及蔓枯病。瓜长卵圆形，皮黄绿色覆黑花断条，肉白色，细脆略带果酸味，中心折光糖含量约 16%。单瓜重 1.5~2 千克。贮放 1 个月肉质不变，仍然松脆爽口。皮薄，栽培时注意后期控水，否则易裂瓜。

（4）98-18。中熟，果实发育期约 45 天。植株生长势较强，坐瓜整齐一致，耐湿、耐弱光，抗病性较强。瓜卵圆形，皮色灰黄，方格网纹密而凸，肉色橘红，肉质细稍紧脆，中心折光糖含量 16% 以上。坐瓜节位 11~13 节，单瓜重 1.5~2 千克，适合保护地栽培。

（5）白玫。也称新白玫。早熟，果实发育期约 40 天。中抗白粉病和霜霉病。瓜形高圆，成熟时瓜皮乳白透红，有 10 条透明浅沟，瓜肉红色，瓜内外皆美观，肉质细脆，清甜爽口，中心折光糖含量平均 15.4%，成熟时不落蒂，贮放后仍不失脆爽风味。平均单瓜重 2 千克。

（6）黄醉仙。早熟杂交种。生长势强，对甜瓜疫霉病有一定的抗性。瓜高圆形或圆形，皮金黄色间或有稀网纹，瓜肉青白色，肉，质细软，汁中有浓香味，中心折光糖含量 15% 左右，高的可达 16% 以上。平均单瓜重 1.5 千克，大的可达 2.5 千克，每亩产量约 2 500 千克，高的可达 4 000 千克。

（7）新世纪。台湾种。全生育期约为 85 天。植株生长势健旺，耐低温，结瓜力强。瓜橄榄形或椭圆球形，成熟时瓜皮淡黄色有稀疏网纹。瓜肉厚，呈淡橙色，肉质脆嫩爽口，风味上佳，中心折光糖含量 14% 左右。瓜较硬，蒂不易脱落，品质稳定，耐贮运。单瓜重 2 千克左右。

第三节　甜瓜栽培技术

一、无土栽培的好处

无土栽培的甜瓜生长快、产量高，产量比土壤栽培高35%以上。避免土壤污染，可以生产出清洁卫生、少污染、无公害、品质好的产品。由于不施用人粪尿、厩肥等农家肥料，病虫害相对较少，大大减少了农药的使用。瓜大，整齐，颜色鲜艳，商品性和食用品质好。不需要进行土壤耕作、整地、施肥、中耕除草等，田间管理工作大大减少，不仅节省用工，而且劳动强度不大，能大大改善农业生产的劳动条件。通过营养液的科学管理，确保水分和养分的供应，可以大大减少土壤栽培中水肥的渗漏、流失、挥发与蒸发，可以避免土壤连作障碍。

二、大棚甜瓜无土栽培的要点

（1）种子处理及育苗。用清水洗净种子，用40%福尔马林150倍液或0.1%高锰酸钾或70%甲基托布津500倍液，或用50%多菌灵消毒20~30分钟，再用10%磷酸三钠浸种30分钟，在25~30℃的条件下催芽12~20小时。当芽长到0.1~0.4厘米时播种，采用育苗钵育苗。在育苗钵内打一小孔，平放种子，有弯曲的芽尽量向下，然后盖上土，淋透水。齐苗后，瓜苗有戴帽现象的要及时脱去。苗期最适温度为25~30℃，控温、控水。视苗势及时喷施叶面肥补充营养，每5~7天喷1次。当苗长出一片真叶时可喷1 000倍的硝酸钙壮根，每隔3天1次。

（2）定植。定植前对大棚进行熏蒸消毒，种植槽内外各撒一层石灰，槽内铺一层薄膜后再放基质。基质配比为蔗渣70%、石灰3.6%、磷肥1.92%、鸡粪22.8%、硝酸钾1%、尿素0.68%，沤制4个月。定植在晴天进行，单行单株定植，株距30~40厘米，钵面与基质持平，淋足定根水。

（3）定植后的管理。定植后的一周内地温控制在20℃左右，不应低于15℃。气温白天控制在27~30℃，夜间不低于15℃，

以利于缓苗。定植至缓苗期维持棚内空气相对湿度为 70%~
80%，缓苗后至坐果期为 65%~70%。低温高湿容易产生病苗，
白天应加强通风透气，晚上注意防冻。移植后一周可以滴营养
液，一般苗期用的浓度小，始花期开始增加浓度。每天滴 1~2
次肥，然后滴清水冲洗，晴天高温时滴 2 次，分别在 11 时前和
16 时前。当瓜苗有 5~6 片真叶时吊蔓，

　　盘蔓要勤，避免瓜苗下垂弯曲。整枝时下部的子蔓要及早
除去，以节省养分，促使雌花生长充实，在主蔓第 7~9 节留结
果子蔓，并留 2 片叶摘心，其他子蔓留一叶摘心，仅留顶部 1~
2 条子蔓，以供给养分。主蔓长至 28~32 节时摘心。当雌花开
放时，在 7~9 时摘下刚开的雄花，去掉花瓣，把花蕊放在雌花
的柱头上抹几下即可。当瓜长到鸡蛋大小时，每株选留 1 个瓜
形端正、皮色鲜艳及生长快的瓜留下，其余的瓜连梗摘除，以
免消耗养分。幼瓜长到 250 克左右时，用一根绳系住瓜梗，使
主蔓与结瓜蔓垂直，然后把绳的另一端系在竹竿上。如果瓜较
大，可先用网兜套住，再用绳子系住网兜。甜瓜从雌花开放到
果实膨大需肥量较大，必须及时追肥或喷施叶面肥，以增加养
分，提高甜瓜糖度。

　　甜瓜采用大棚无土栽培时一般很少有虫害。猝倒病苗期易
发生，可用敌克松 500 倍液淋根或 50%多菌灵 800 倍液喷雾。
病毒病气温高时容易发生，在发病初期喷 1.5%植病灵乳剂
800~1 000 倍液或 20%病毒 A 可湿性粉剂 500 倍液，发现有病
株要及时拔掉、烧毁。白粉病低温高湿的天气容易发病，可用
20%粉锈宁乳剂 2 500~3 000 倍液或 70%甲基托布津可湿性粉
剂 1 000 倍液或 75%百菌清可湿性粉剂 500~800 倍液喷雾。蔓
枯病在发病初期可用 70%代森锰锌可湿性粉剂 500 倍液或抗枯
灵 400 倍液或 70%甲基托布津可湿性粉剂 600 倍液喷雾，也可用 5
倍的甲基托布津或敌克松，或用甲基托布津加杀毒矾涂抹病部。

三、生长点受阻的解决措施

　　刚出土的瓜苗，生长点较幼嫩，此时如果叶面喷药或喷肥

的浓度偏高或喷洒量过大，极容易使生长点产生药害而停止生长。幼苗遇到不良天气时，苗床温度过低，易受到冻害，生长点往往会被冻死。幼苗遇到晴朗天气时，午后太阳直射苗床，使畦内温度过高，尤其在苗床湿度较小的情况下，生长点易灼烧，幼嫩的叶片易失水、干裂，严重时死亡。

防止低温障碍，首先要提高苗床土温和棚室温度。防止烤苗，苗床要及时浇水保湿，在晴天的中午要及时通风，降低棚室和苗床温度，白天保持在25℃左右，夜间15~18℃，同时也要注意避免幼嫩的小苗突然见到强烈的光照。应及时喷洒药液，这样能调节整棵瓜苗的新陈代谢，有利于促进瓜苗细胞分裂和根系发育，提高瓜苗的生理活性，促进生长点正常发育。

四、塑料大棚春茬厚皮甜瓜栽培技术要点

苗龄30~35天，3~4片真叶时定植。发芽期间保持高温，一般播种后3天出苗。育苗期间控制浇水，防止瓜苗徒长。合理施肥，每亩地施有机肥3 000~5 000千克、复合肥50千克左右、钙镁磷肥50千克左右、硫酸钾（禁用氯化钾）20千克左右、硼肥1千克。

施肥后深翻地。大果型甜瓜的种植密度小，应开沟集中施肥。高畦或垄畦栽培，高畦的畦面宽90~100厘米、高15~20厘米，每畦栽2行；垄畦宽40~50厘米、高15~20厘米，每畦栽1行。

大棚内的最低温度稳定在10℃以上后开始定植。缓苗期间白天温度25~32℃，夜间温度20℃左右，最低温度不低于10℃。缓苗后降低温度，白天温度25℃左右，夜间12~15℃。结瓜期白天温度28℃左右，可短时间保持在32~35℃，夜间温度15℃以上。网纹甜瓜在网纹形成期对低温反应敏感，温度低于18℃时，果皮硬化迟缓，网纹稀少并且粗劣。

坐瓜前一般不再浇水，特别是开花坐瓜期要严格控制浇水量，防止瓜秧旺长，引起落花。坐瓜后开始浇水，始终保持地

面湿润，避免土壤忽干忽湿，以免引起裂果。结果期加强通风，避免空气湿度过高。网纹甜瓜在网纹形成期如果空气湿度过高，不仅影响网纹的质量，而且容易导致果面裂缝处发病。施足底肥，坐瓜前不再追肥。坐瓜后，根据结瓜期长短适当追肥 2 ~ 3 次。

大棚春茬厚皮甜瓜栽培一般采用单蔓整枝法，瓜蔓伸长后，每株甜瓜准备一根细尼龙绳。绳的上端系在横线上，下端拴在瓜秧的基部，随着瓜蔓伸长，定期将瓜蔓缠绕到吊绳上。甜瓜茎蔓加粗后，要将系在茎蔓基部的吊绳解开，重新换大扣系好，防止绳扣勒伤或勒断茎蔓。大棚栽培的甜瓜需要进行人工授粉，雌花开放当日的 7~9 时，从植株上摘取刚开放的雄花，去掉雄花的花瓣，露出花蕊，将花蕊上的花药对准雌花的柱头轻轻摩擦几下，使花粉均匀涂抹到柱头的表面。人工授粉时，授粉量要足，并且要均匀授粉，避免形成扁头瓜。当瓜长至鸡蛋大小时开始选留瓜，小果型品种（单瓜重 500 克以下）每株留 1 个瓜，适宜的留瓜节位为第 12~15 节；大果型品种（单瓜重 1 千克以上）每株留 1 个瓜，适宜的留瓜节位为第 15~18 节。

五、薄皮甜瓜春季地膜覆盖栽培要点

育苗期 40 天左右，用阳畦或普通日光温室进行护根育苗，定植前进行低温炼苗。采取爬地栽培的形式，行距 1.2~1.6 米，株距依留蔓的数量不同，30~60 厘米不等。提倡大、小行距栽苗，大行距 2.0~2.5 米，小行距 50 厘米。定植后浇足水，并覆盖地膜。

以主蔓结瓜为主的小果型品种，密集早熟栽培多采取单蔓整枝法；以孙蔓结瓜为主的中、小果型品种，密集早熟栽培宜采取双蔓整枝法；高产栽培应采取四蔓整枝法或六蔓整枝法。瓜蔓伸长后，应及时用土块或枝条压住或卡住瓜蔓，使瓜蔓沿着要求的方向伸长。小果型品种密集栽培每株留 2~4 个瓜，稀植时留 5 个以上；大果型品种每株留 4~6 个瓜。

六、种植技术要点

（1）整地施肥。要求精细整地，深耕 25 厘米，使土壤疏松。将底肥的一半全面撒施，再翻入土中，整平后开沟集中施肥和作畦。一般每亩施优质厩肥 3 000~5 000 千克、过磷酸钙 50 千克、硫酸钾 15~20 千克、饼肥 100 千克。

（2）移栽定植。棚内的栽植密度一般可较拱棚双膜覆盖大些，在扣膜的畦面上按株距划出定植穴位，选晴天定植。定植穴的大小应与土坨或营养钵的大小相适应，然后向穴内浇适量底水，待水刚渗下时栽苗。

（3）控制大棚内的温湿度。定植后 5~7 天要注意提高地温，保持在 27℃ 以上，促进缓苗。若白天温度高于 35℃，则应设法遮光降温。缓苗后可开始通风，以调节棚内温度，一般白天不高于 32℃，夜间不低于 15℃。进入膨瓜期和成熟期，昼温高或温差过大会导致果实肉质变劣，品质下降。采用地膜覆盖可明显降低空气湿度，白天相对湿度一般为 60%~70%，夜间为 80%~90%。降低棚内空气湿度有利于减少病害。

（4）光照及气体成分的调节。保持棚膜洁净，保证棚顶部和两侧的光线进入大棚内部，棚内及时补充二氧化碳。大棚密植时，要实行较严格的整枝，主要在瓜坐住以前进行，摘除卷须。在 7~9 时进行授粉，阴天雄花散粉晚，可适当延后。留瓜过早则瓜小且瓜形不正，过晚则不利于早上市，一般授粉后 3~5 天瓜胎即明显长大。伸蔓期水量适中，开花坐果期不浇水，以防止徒长，并促进坐瓜。幼瓜长到鸡蛋大小后进入膨瓜期，此时浇水可促进幼瓜膨大。

七、提高甜瓜含糖量措施

选用优良品种，优化栽培技术，科学地进行配方施肥，增施有机肥料、钾肥和微肥，适量施用磷肥，少施速效氮肥。特别是坐瓜以后，要注意追施足量钾肥，严禁大量追施速效氮肥，防止因氮肥使用过多，果实口感差、含糖量低。科学整蔓，保持合理的叶面积系数，保障坐瓜。坐瓜以后适当控制叶面积，保证甜瓜植株群体结构合理。人工授粉，保证及时坐瓜，减少畸形瓜的产生。喷施叶面肥，提高果实含糖量，特别是坐瓜后要及时喷施 0.3%的磷酸二氢钾。空中坐瓜，其果实部位的光照强度明显高于地面的，因此糖分足，果面光亮，色彩鲜明。

使用增产菌拌种，在 5~6 叶期喷施。使用甜瓜素浸种，同时在甜瓜苗期、坐果期、膨大期喷施甜瓜素 200~300 倍液。在 5~6 叶期、膨大期喷施稀土。追施有机肥，如饼肥等，也能增加含糖量。

八、防止出现肥害和药害的措施

产生肥害的原因是施肥量过大，整株叶片深绿色，甚至可把叶片烧焦；追肥离根系太近，烧伤根系而引起叶蔓枯黄。药害指喷药浓度过大，轻者叶蔓褪色，重者烧焦植株。除草剂及其他有毒农药在土壤中残留可抑制果实生长，使植株节间缩短、叶片畸形，轻者可推迟开花坐果，重者可造成绝收。

根外追肥浓度过大引起的肥害，要迅速喷清水冲刷植株；施肥烧坏根系的，应灌大水，降低肥料浓度，冲洗土壤。如苗已烧坏，要及时补苗，中耕松土，以恢复生长。药害的补救办法是立即喷清水，稀释药液浓度，对于已经造成危害的地块，要加强田间管理，使其迅速恢复生长，用新茎、新叶来代替受害的茎叶。

九、地膜覆盖栽培的优点

有利于提高地温，白天阳光穿透地膜为土壤加热，起到了提高地温的作用。有利于保墒，覆盖地膜后，减少了土壤水分的蒸发。当土壤水气上升时，受到地膜的阻挡，凝结成水滴又回到土壤中。改善了植株周围的小气候，植株中下部叶片能多得到 10.5%的反射光。地膜还能降低棚内空气的湿度，因而可以减轻病害的发生。地膜覆盖有利于促进有机肥的转化，提高利用率，促进甜瓜植株的生长发育。由于盖膜改善了植株的生长条件，比不覆盖的提早 5~7 天成熟，增产 30%~50%。地膜覆盖还可减轻土壤板结，灌溉的水是从地膜下流过的，通过定植孔和边缘向下渗漏，避免了地表漫灌，土壤孔隙度增加，含水量和含气量都有所提高，土壤结构得到了改善，促进了根际微生物的活动和土壤养分的转化。

十、病虫防治

1. 甜瓜炭疽病

症状：幼苗染病，在近地面茎上出现水浸状病斑，叶上病斑近圆形，黄褐色或红褐色，边缘有黄色晕圈；茎和叶柄染病，病部为稍凹陷长圆形病斑；果实染病，病部凹陷开裂，湿度大时溢出粉红色黏稠物。

防治方法：①与非瓜类作物实行 3 年以上轮作。②用 75% 百菌清可湿性粉剂 800 倍液或 50% 甲基硫菌灵可湿性粉剂 800 倍液喷雾。

2. 甜瓜叶枯病

症状：主要为害叶片。真叶染病初见褐色小点，后病斑逐渐扩大，边缘稍隆起，病健部界线明显，但轮纹不明显，边缘呈水浸状，几个病斑汇合成大斑，致叶片干枯。果实染病，症状与叶片类似，病菌可侵入果肉，形成果腐。

防治方法：①选用无病种瓜留种：种子用 0.3% 的 75% 百菌清可湿性粉剂或 50% 扑海因可湿性粉剂拌种。②轮作倒茬，不与葫芦科作物连作。③加强栽培管理，增施有机肥，提高植株抗病力：防止大水漫灌，早期发现病叶及时摘除深埋或烧毁。④用 75% 百菌清可湿性粉剂 600 倍液或 50% 扑海因可湿性粉剂 1 500 倍液、50% 速克灵可湿性粉剂 1 500 倍液喷雾，隔 7~10 天喷 1 次，连喷 2~3 次。

3. 甜瓜花叶病

症状：发病初期叶片出现黄绿与浓绿镶嵌的花斑，叶片变小，叶面皱缩，凹凸不平、卷曲。驻蔓扭曲萎缩，植株矮化，瓜小，果面有浓淡相间斑驳，或轻微鼓突状凸起。

防治方法：①以栽培防病为主，及时灭蚜。②种子处理，用55℃温水浸种20分钟后移入冷水中冷却，再催芽、播种。③培育壮苗、适期定植：整枝打杈及授粉等农事操作不要碰伤叶蔓，防止接触传染。④采用配方施肥技术，提高抗病力。⑤发现蚜虫及时喷洒20%病毒A可湿性粉剂500倍液。

4. 甜瓜蔓枯病

发病症状主要为害主蔓和侧蔓。初期，在蔓节部出现浅黄绿色油渍状斑，病部常分泌赤褐色胶状物，而后变成黑褐色块状物。后期病斑干枯、凹陷，表面呈苍白色，易碎烂，其上生出黑色小粒点，即病菌的分生孢子器。瓜蔓显症3~4天后，病斑即环茎1周，7天后产生分生孢子器，严重的14天后病株即枯死。果实染病，主要发生在靠近地面处，病斑圆形，大小1.5~2厘米，初亦呈油渍状，浅褐色略下陷，后变为苍白色，斑上生有很多小黑点，同时出现不规则圆形龟裂，湿度大时，病斑不断扩大并腐烂，菌丝深入到果肉内，果面现白色绒状菌丝层，数天后产生黑色小粒点。

防治方法：①农业措施选用龙甜1号等抗蔓枯病品种，此外还可选用伊丽沙白、新蜜杂等早熟品种。采用高畦或起垄种植，严禁大水漫灌，防止该病在田间传播蔓延。合理密植，采用搭架法栽培，此法对改变瓜田生态条件，减轻发病效果明显。及时整枝、打杈，发现病株及时拔除。施用充分腐熟的有机肥。②药剂防治：发病初期在茎基部或全株喷洒20%利克菌可湿性粉剂1 000倍液或40%拌种双粉剂悬浮液500倍液，或用24.9%待克利乳油3 000倍液，或用80%新万生可湿性粉剂500倍液等药剂，隔8~10天再喷1次，共喷2~3次。棚室栽培时可喷洒5%防黑霉粉尘剂，每亩用药1千克。

5. 甜瓜黑斑病

甜瓜黑斑病主要发生在甜瓜生长中后期，为害叶片、茎蔓和果实，下部老叶先发病，叶面病斑近圆形，褐色，具不明显轮纹。果实染病多发生在日灼或其他病斑上，布满黑色霉状物，形成果腐。

防治方法：①农业措施：推迟定植后瓜田浇第一水时间，即在坐瓜后待长至核桃大小时浇第一水。清除病残组织，减少初侵染来源。采用配方施肥技术，施用充分腐熟的有机肥，注意增施磷、钾肥，以增强甜瓜植株抗病力。棚室甜瓜应抓好生态防治，由于早春定植昼夜温差大，相对湿度高，易结露，利于此病的发生和蔓延，所以应以调控温湿度为管理重点，尤其是定植初期，闷棚时间不宜过长，防止棚内湿度过大、温度过高。②种子消毒：播种前可用40%拌种双200倍液浸种24小时，冲洗干净后催芽、播种，也可用55℃温水浸种15分钟。③药剂防治：在发病初期采用粉尘法或烟雾法防治。采用粉尘法时，于傍晚喷撒5%百菌清粉尘剂，每亩1千克。采用烟雾法时，于傍晚点燃45%百菌清烟剂，每亩200~250克，每隔7~9天1次，视病情连续或交替轮换使用。露地栽培时，在发病初期喷洒75%百菌清可湿性粉剂600倍液或50%扑海因可湿性粉剂1 000倍液或50%速克灵可湿性粉剂1 500倍液或70%代森锰锌干悬粉500倍液或64%杀毒矾可湿性粉剂500倍液或80%大生可湿性粉剂600倍液，隔7~10天1次，连续防治2~3次。如能在发病前喷药，可明显提高防效。

6. 甜瓜腐霉菌根腐病

发病症状主要侵染根及茎基部，初呈水浸状，而后形成褐斑，逐渐扩大、凹陷，严重时病斑绕茎基部或根部一周，致地上部逐渐枯萎。纵剖茎基部或根部，可见导管变为深褐色，后根茎腐烂，不长新根，植株枯萎而死。

防治方法：①床土消毒：播种前15天，用福尔马林处理营养土，每立方米床土的用药量为300毫升，稀释100倍喷洒，然后用塑料薄膜将营养土表面盖严，闷3~5天后除去覆盖物，耙松，7~10天后播种。②土壤消毒：一旦发病，应及时把病株及邻近病土清除，并在病穴及其周围喷洒 0.4%的铜铵合剂（铜铵合剂即硫酸铜 2 份，碳酸氢铵 11 份，磨成粉末混合放在有盖的玻璃或瓷器内密闭 24 小时后，每千克混合粉加水 400 千克）。值得注意的是，铜制剂对防治土传病害有很好的效果，但施用过量易产生药害。③药剂防治：喷洒 25%甲霜灵可湿性粉剂 800 倍液或 64%杀毒矾可湿性粉剂 500 倍液或 75%百菌清可湿性粉剂 600 倍液或 40%乙膦铝可湿性粉剂 200 倍液或 70%百德富可湿性粉剂 600 倍液等药剂，防止病害蔓延。

7. 甜瓜霜霉病

（1）主要症状。霜霉病主要为害叶片。发病初期叶片上先出现水渍状黄色小斑点。病斑扩大后，受叶脉限制呈不规则多角形、黄褐色。在潮湿条件下，叶背病斑上长有灰黑色霉层（即孢囊）。病情由植株基部向上蔓延，严重时病斑连成片，全叶黄褐色，干枯卷缩，叶易破，病田植株一片枯黄。瓜瘦小，品质变劣，甜瓜含糖量降低。

（2）发病条件。霜霉病病菌以卵孢子在土壤中的病残体上越冬，也可在温室瓜上越冬，病原菌以菌丝体、孢子囊通过气流、雨水、害虫传播。孢子囊萌发后，自寄主气孔或直接穿透寄主表皮侵入。霜霉病的发生和流行与温、湿度关系最大，特别是湿度。湿度越高，孢子囊形成越快，数量越多。孢子囊的萌发必须在叶面有水滴或水膜存在，而在干燥条件下，孢子囊 2~3 天后即失去萌芽力。因此，暴雨、大雨或漫灌后，病组织出现水渍状，并迅速扩展，易造成病害发生和流行。孢子囊的产生，要求光照和黑暗交替的环境条件，一般连作地、地势低洼、栽培过密、肥料不足、浇水过多、排水不良、地面潮湿等地发病重。品种间抗性有明显差异，多数品质好的品种抗病性较差。

（3）防治方法。①农业防治：种植抗病性较强的品种；选择地势高、土质肥沃、质地沙壤的地块栽种甜瓜，要求施足基肥，追施磷、钾肥；在生长前期适当控水，结瓜后严禁大水漫灌，并注意排除田间积水；及时整枝打杈，保持株间通风良好。

②药剂防治：霜霉病通过气流传播，发展迅速，易于流行，故应在发病初期及早喷药才能收到良好防效。可选用72%克露（克霜氰、霜脲锰锌）可湿性粉剂700倍液或72%普力克水剂600倍液或25%瑞毒霉可湿性粉剂或25%甲霜灵可湿性粉剂800~1 000倍液或70%百德富可湿性粉剂或40%乙膦铝可湿性粉剂250~300倍液或75%百菌清可湿性粉剂600倍液或68%甲霜锰锌可湿性粉剂400倍液或64%杀毒矾可湿性粉剂400倍液或50%福美双可湿性粉剂500倍液等交替喷雾（注意：苗期谨慎用药，因有些品种易产生药害）。若霜霉病与细菌性叶斑病混发，可用50%琥胶肥酸铜可湿性粉剂500倍液加25%甲霜灵可湿性粉剂800倍液等喷雾，混合配药应现用现配。

8. 甜瓜白粉病

（1）主要症状。在甜瓜全生育期都可发生。主要为害叶片，严重时亦为害叶柄和茎蔓。叶片发病，初期在叶正、背面出现白色小粉点。逐渐扩展呈白色圆形粉斑，多个病斑相互连接，使叶面布满白粉。随病害发展，粉斑颜色逐渐变为灰白色，后期偶有在粉层下产生黑色小点。最后病叶枯黄坏死。

（2）发病条件。病菌随病残体在保护地内越冬，也可以分生孢子在其他寄主上为害越冬。借气流和雨水传播。病菌喜温，亦耐干燥，高温干燥和潮湿交替有利于病害发生发展。高湿条件适宜发病。生长中后期植株生长衰弱发病严重。品种间对白粉病的抗性有明显差异。

（3）防治方法。①农业防治：要因地制宜选用抗（耐）白粉病品种；培育壮苗，定植时施足底肥，增施磷钾肥，避免后期脱肥；生长期加强管理，注意通风透光。②药剂防治：发病初期选用农抗120或武夷菌素200~300倍液或40%福星（新星）乳油8 000倍液或2%加收米水剂600倍液或50%硫黄悬浮剂400倍液或30%特富灵可湿性粉剂4 000倍液，或用15%粉锈宁可湿性粉剂1 000~1 500倍液交替喷雾。保护地种植，发病初期选用5%百菌清粉尘剂或5%加瑞农粉尘剂1千克/亩喷粉，防治效果理想。

9. 甜瓜菌核病

（1）主要症状。从苗期至成株期都可发病。幼瓜、凋萎花蒂、叶腋处较易发病，病害开始在下部老叶、落花上发生，进而为害叶柄、果实，被害瓜脐部形成水渍状病斑，软腐，向上发展，整个瓜条腐烂，腐烂部表面长满棉絮状菌丝体，最后产生黑色菌核。茎部被害，初产生褪色的水浸状病斑，病斑逐渐扩大呈淡褐色，病茎软腐，长出白色棉絮状菌丝体。茎表皮和髓腔内形成坚硬菌核，植株枯萎。幼苗期发病，在近地面幼茎基部，出现水渍状病斑，很快病斑绕茎一周，造成环腐，幼苗猝倒。

（2）发病条件。菌核在土壤中越冬，是菌核病的重要初侵染源，菌核遇有适宜的条件即萌发，出土后形成子囊盘，经一段时间后放射出大量的子囊孢子，子囊孢子靠气流传播，落在衰老的叶、花上，在适宜的条件下，即可侵染发病。菌核可以随种子调运进行远距离传播。菌核一般可存活 1~3 年或更长，越冬后翌年萌发率在 90% 以上。

（3）防治方法。①农业防治：播种前实行深翻，使菌核不能萌发；实行轮作，未发病的温室或大棚忌用病区培育的幼苗，防止菌核随育苗土传播；及时清除田间杂草，有条件的覆盖地膜，抑制菌核萌发及子囊盘出土，发现子囊盘出土，及时铲除，集中销毁；加强管理，注意通风排湿，减少传播蔓延。②药剂防治：棚室栽培采用烟雾法或粉尘法，于发病初期，每亩用 10% 速克灵烟剂 250~300 克熏 1 夜，也可于傍晚喷撒 5% 百菌清粉尘剂或 10% 来克粉尘剂，每亩每次喷 1 千克，隔 7~9 天喷 1 次；露地栽培于发病初期可用 40% 菌核净可湿性粉剂 500 倍液或 50% 农利灵（乙烯菌核利）可湿性粉剂 1 000~1 500 倍液或 50% 速克灵可湿性粉剂 1 500~2 000 倍液或 50% 扑海因可湿性粉剂 1 500 倍液，或用 50% 苯菌灵可湿性粉剂 1 500 倍液等交替喷雾。

10. 甜瓜角斑病

（1）主要症状。甜瓜全生育期均能发病，主要为害叶片，也可加害茎蔓及果实。病状最早呈现在子叶上，为圆形或不规则的浅褐色、半透明点状病斑。在潮湿条件下，叶片现水渍状小点，病斑渐扩大，受叶脉限制呈多角形或不规则形，有时叶背病部溢出黄白色液体（即菌脓），后期病叶变黄褐色干枯。病斑变脆而易开裂脱落。茎蔓、果实上的病斑初呈水渍状、凹陷，并带有大量细菌黏液，果实表面病斑处易溃烂，裂口并向内扩展一直达种子上，致种子带菌。

（2）发病条件。病菌随病残体在土壤中或附着于种子表面越冬，成为翌年的初侵染源。病菌可由寄主的伤口和自然孔口侵入，带菌种子发芽时亦可侵入子叶，通过风雨、昆虫和人的接触传播，形成多次重复侵染。当温度在 22~28℃ 时，潮湿多雨田间湿度大，是病害发生的主要条件，地势低洼、连作田发病重。

（3）防治方法。①农业防治：实行与非葫芦科、茄科、豆科作物 2 年以上的轮作；选无病瓜留种，并于播种前进行种子消毒，消毒方法是用 55℃ 的温水浸种 20 分钟或次氯酸钙 300 倍液浸种 30~60 分钟，捞出后清水洗净催芽播种；及时清除病叶、病蔓深埋；及时追肥、合理浇水，对温棚瓜要加强通风降湿管理。②药剂防治：于发病初期可用 50% 琥胶肥酸铜可湿性粉剂或 25% 瑞毒铜可湿性粉剂 600~800 倍液或新植霉素或农用链霉素 4 000 倍液等交替喷雾。

11. 甜瓜疫病

（1）主要症状。甜瓜疫病病菌能侵害根茎、叶、果实，以茎蔓及嫩茎节发病较多，成株期受害最重。发病初期茎基部呈暗绿色水渍状，病部渐渐缢缩软腐，呈暗褐色。患病部叶片萎蔫，不久全株萎蔫枯死，病株维管束不变色。叶片受害产生圆形或不规则形水渍状大病斑，扩展速度快，边缘不明显，干燥时呈青枯，叶脆易破裂。瓜部受害软腐凹陷，潮湿时，病部表面长出稀疏的白色霉状物即孢子囊和孢囊梗。

（2）发病条件。甜瓜疫病病菌以菌丝体、卵孢子等随病残体在土壤或粪肥中越冬，成为翌年主要初次侵染源，种子带菌率较低。翌年条件适宜孢子萌发长出芽管，直接穿透寄主表皮侵入体内，在田间靠风、雨、灌溉水及土地耕作传播；寄主发病后，孢子囊及游动孢子借气流、雨水传播，进行重复侵染，使病害迅速蔓延。病菌发病适温 28~30℃，当旬平均气温 23℃时开始发病，在适温范围内，高湿（相对湿度 85% 以上）是本病害流行的决定因素。发病高峰多在暴雨或大雨之后，田间地势低洼处，有积水不能及时排除，再遇大水漫灌，病害将严重发生。该病为土传病害，连年栽种瓜类作物的田块发病重。施用带病残物或未腐熟的厩肥易发病。追肥伤根者，发病重。

（3）防治方法。①农业防治：实行合理轮作，最好选用 5 年未种过葫芦科、茄科的肥沃沙壤土或新辟瓜地；加强田间管理，采用高畦栽培，土地整平，开好沟，植株生长前期和发病初期要严格控制灌水，中午高温时不要浇水，严禁串灌（最好灌外水），防止田间有积水；合理施肥，田间发现病株及早拔除，收获完毕后及时清除田园残物，并集中烧毁。②药剂防治：发病初期可用 72% 克露（霜脲锰锌）可湿性粉剂 700 倍液，或用 69% 安克锰锌可湿性粉剂 1 000 倍液或 72.2% 普力克水剂 600 倍液或 25% 甲霜灵可湿性粉剂 800~1 000 倍液或 58% 甲霜灵锰锌可湿性粉剂 500 倍液或 64% 杀毒矾可湿性粉剂 400~500 倍液或 25% 甲霜灵加 40% 福美双可湿性粉剂按 1：1 混合 800 倍液淋苑或灌根，每株灌药液 0.25~0.5 千克，每隔 7~10 天 1 次，连续用药 3~4 次。

第十一章　马铃薯

马铃薯属茄科，是茄科茄属中能形成地下块茎的一年生草本植物。马铃薯又称地蛋、土豆、洋山芋等，具有营养丰富、高产高效、生育期短、粮菜兼用的特点，是全球第四大重要的粮食作物，仅次于小麦、稻谷和玉米，与小麦、稻谷、玉米、高粱并成为世界五大作物。

马铃薯主要生产国有中国、俄罗斯、印度、乌克兰、美国等。中国是世界马铃薯总产最多的国家。2015 年中国启动马铃薯主粮化战略，成为稻米、小麦、玉米外的又一主粮。

第一节　马铃薯生长周期

一、休眠期

马铃薯收获以后，放到适宜发芽的环境中而长时间不能发芽，属于生理性自然休眠，是一种对不良环境的适应性。块茎休眠始于匍匐茎尖端停止极性生长和块茎开始膨大的时刻。休眠期的长短关系到块茎的贮藏性，关系到播种后能否及时出苗，因而关系到产量的高低。马铃薯休眠期的长短受贮藏温度影响很大，在 26℃左右的条件下，因品种的不同，休眠期从 1 个月左右至 3 个月以上。在温度为 0~4℃的条件下，马铃薯可长期保持休眠。马铃薯的休眠过程，受酶的活动方向决定，与环境条件密切关联。

二、发芽期

马铃薯的生长从块茎上的芽萌发开始，块茎只有解除了休眠，才有芽和苗的明显生长。从芽萌生至出苗是发芽期，进行主茎第一段的生长。发芽期生长的中心在芽的伸长、发根和形成匍匐茎，营养和水分主要靠种薯，按茎叶和根的顺序供给。生长的速度和好坏，受制于种薯和发芽需要的环境条件。生长所占时间就因品种休眠特性、栽培季节和技术措施不同而长短不一，从1个月到几个月。

三、幼苗期

从出苗到第六叶或第八叶展平，即完成1个叶序的生长，称为"团棵"，是主茎第二段生长，为马铃薯的幼苗期。幼苗期经过的时间较短，不论春作或秋作只有短短半个月。

四、发棵期

从团棵到第十二或第十六叶展开，早熟品种以第一花序开花；晚熟品种以第二花序开花，为马铃薯的发棵期，为时1个月左右，是主茎第三段的生长。发棵期主茎开始急剧拔高，占总高度50%左右；主茎叶已全部建成，并有分枝及分枝叶的扩展。根系继续扩大，块茎膨大到鸽蛋大小，发棵期有个生长中心转折阶段，转折阶段的终点以茎叶干物质量与块茎干物质量之比达到平衡为标准。

五、结薯期

即块茎的形成期。发棵期完成后，便进入以块茎生长为主的结薯期。此期茎叶生长日益减少，基部叶片开始转黄和枯落，植株各部分的有机养分不断向块茎输送，块茎随之加快膨大，尤在开花期后10天膨大最快。结薯期的长短受制于气候条件、病害和品种属性等，一般为30~50天。

第二节　马铃薯优良品种

一、陇薯3号

品种来源：甘肃省农业科学院粮食作物研究所育成的高淀粉马铃薯新品种，1995年通过甘肃省农作物品种审定委员会审定，2002年4月获甘肃省科技进步二等奖。特征特性：该品种中晚熟，生育期（出苗至成熟）110天左右。株型半直立较紧凑，株高60～70厘米。茎绿色、叶片深绿色，花冠白色，天然偶尔结实。薯块扁圆或椭圆形，大而整齐，黄皮黄肉，芽眼较浅并呈淡紫红色。结薯集中，单株结薯5～7块，大中薯率90%以上。块茎休眠期长，耐贮藏。品质优良，薯块干物质含量24.10%～30.66%，淀粉含量20.09%～24.25%，维生素C含量20.2～26.88毫克/100克，粗蛋白质含量1.78%～1.88%，还原糖含量0.13%～0.18%，食用口感好，有香味。特别是淀粉含量比一般中晚熟品种高出3～5个百分点，十分适宜淀粉加工。抗病性强，高抗晚疫病，对花叶、卷叶病毒病具有田间抗性。

二、陇薯4号

品种来源：甘肃省农业科学院作物研究所选育。特征特性：株高70～80厘米，株型较平展，茎绿色，复叶大，叶色深绿，花冠浅紫色，天然结实性差。块茎圆形，芽眼年较浅，黄皮黄肉，表皮粗糙，块茎大而整齐，结薯集中，休眠期长，耐贮藏。晚熟，生育期115天以上，淀粉含量16%～17%，适宜鲜食和加工。植株高抗晚病，抗旱耐瘠薄。

三、费乌瑞它

该品种由荷兰引进，经组织养繁育而成。推广种植表明，该品种在陕西有很好的商品适应性和品种优势，是当前理想的双季、高产早熟品种。株高50厘米左右，直立型，薯块椭圆形，黄皮黄肉，表皮光滑，薯块大而整齐，芽眼浅平。肉质脆嫩，品质好。结薯早而集中，商品率高。从出苗到收获60天左右，休眠期短。春薯覆膜栽培可提早于5月中下旬上市，宜双季栽培。块茎结薯浅、对光敏感，应适当培土，以免块茎膨大露出地面绿化，影响品质。春播一般亩产1500～2000千克，高的可达2500千克以上。薯块大而整齐，受市场欢迎，面向南方市场及东南亚出口有广阔前景。

四、中薯3号

中国农业科学院蔬菜花卉研究所育成的早熟品种，出苗后生育日数67天左右。株型直立，株高50厘米左右，单株主茎数3个左右，茎绿色，叶绿色，茸毛少，叶缘波状。花序总梗绿色，花冠白色，雄蕊橙黄色，柱头3裂，天然结实。块茎椭圆形，淡黄皮淡黄肉，表皮光滑，芽眼少而浅，单株结薯5.6个，商品薯率80%~90%。幼苗生长势强，枝叶繁茂，匍匐茎短，日照长度反应不敏感，块茎休眠期60天左右，耐贮藏。田间表现抗花叶病毒病，不抗晚疫病。室内接种鉴定：抗轻花叶病毒病，中抗重花叶病毒病，不抗晚疫病。块茎品质：干物质含量19.1%，粗淀粉含量12.7%，还原糖含量0.29%，粗蛋白含量2.06%，维生素C含量21.1毫克/100克鲜薯，蒸食品质优。

五、中薯4号

该品种由中国农业科学院蔬菜花卉研究所育成。属早熟、优质、炸片型马铃薯新品种。株形直立，分枝少，株高55厘米左右，茎绿色，基部呈淡紫色。叶深绿色，挺拔，大小中等，叶缘平展。花冠白色，能天然结实，极早熟，从出苗至收获60天左右。块茎长圆形，皮肉淡黄色，薯块大而整齐，结薯集中，芽眼少而浅，食味好，适于炸片和鲜薯食用。休眠期短，植株较抗晚疫病，抗马铃薯X病毒和Y病毒，生长后期轻感卷叶病、抗疮痂病，种性退化慢。一般亩产1 500~2 000千克。

六、张引薯1号

特早熟品种，由张掖市农业科学研究所引进，植株直立，分枝少，茎紫色，生长势强，叶色绿色。株高60厘米左右，花蓝紫色。薯形长椭圆形，黄皮黄肉，表皮光滑，块茎大而整齐，芽眼少而浅，结薯集中，喜肥水。极早熟，生育期70天，休眠期短，耐贮存，淀粉含量15%左右，适宜鲜食。亩产量2 000~3 000千克，适应在川区地膜种植。适宜密植，每亩理论株数

5 500~6 100 株。

七、渭薯 8 号

该品种由高台县农技站从渭源五竹良种繁育协会引进。经试验示范，表现生长势强，个大、产量高，平均亩产 3 600 千克以上，适宜沿山冷凉灌区种植。

9408-10：是陕西省农业科学院马铃薯育种组进行有性杂交选育而成，由高台县农技站引进试验。品种具有高抗病毒、高抗晚疫病、抗旱性强、高产等特点，属中晚熟品种，株高 80~90 厘米，薯块椭圆形，一般亩产 3 500~5 000 千克。

八、郑薯 6 号

品种来源：原系谱号 "8424 混 4"，郑州蔬菜所以 "高原 7 号" 为母本，"郑 762-93" 作父本杂交育成。1993 年通过河南省农作物品种审定委员会审定。

植物学特征：株型直立，分枝 2~3 个，株高约 60 厘米。茎粗壮绿色，复叶大绿色，侧小叶 4 对，生长势强。花冠白色，能天然结浆果。块茎椭圆形，表皮光滑，黄皮黄肉，芽眼浅而稀。结薯集中，单株结薯 3~4 个，块大而整齐，商品率高。

生物学特性：早熟，生育期 65~70 天，休眠期约 45 天，耐储性较好。品质优适合鲜食。块茎干物质 20.35%，淀粉 14.66%，粗蛋白质 2.25%，维生素 C13.62 毫克/百克，还原糖 0.177%。田间植株无皱缩花叶，较抗花叶病毒、茶黄螨、疮痂病及霜冻，轻感卷叶病毒和晚疫病，病毒性退化轻。春季一般亩产 2 000~2 500 千克，秋季亩产 1 500 千克。

栽培要点：喜肥水，产量潜力大。要求地力中上等，加强前期肥水管理。亩保苗 4 000~5 000 株。综合性状优良，大薯率及整齐度高，商品性好，鲜薯出口达到国家一极标准。

九、早大白

该品种早熟、抗病、高产，并具有薯块大而整齐、白皮白肉，商品性好的突出特点，故辽宁省农作物品种审定委员会命名为"早大白"。"早大白"芽子壮、出苗快，前期生长迅速，一般栽培播后85天成熟；结薯集中、整齐，薯块膨大快，播后75天大中薯比例（商品率）达80%以上。复膜栽培，播后65天成熟，早上市产值高，早倒茬提高复种效益。

栽培要点：该品种一般栽培亩产2 000千克左右，大中薯比例（商品率）达93.2%；复膜早收亩产1 500千克，大中薯比例达85%以上。

十、东农303

株型直立，株高45厘米左右。茎绿色，分枝数中等。叶浅绿色，茸毛少，复叶较大，叶缘平展侧小叶4对。花序梗绿色，花柄节无色，花冠白色，无重瓣，大小中等，雄蕊淡黄绿色，柱头无裂，不能天然结实。块茎扁卵形，黄皮黄肉，块茎表皮光滑，薯块中等大小，较整齐，芽眼多而浅，结薯集中。生育期从出苗至成熟50~60天。品质较好，干物质含量22.5%，淀粉13.1%~14.0%，还原糖含量0.03%，维生素C 14.2毫克/100克鲜薯淀粉质量好，适于食品加工。耐涝性强，植株中感晚疫病，块茎抗病、抗环腐病，高抗花叶，轻感卷叶病毒病，耐束顶病。一般亩产1 500~2 000千克。高产者可达3 500千克。

第三节 马铃薯栽培技术

一、形态特征

1. 根

分为芽眼根和匍匐根，芽眼根由芽的基部发出来，是主要的吸收根系。匍匐根是在地下茎节处的匍匐茎周围发出的根，专为结薯提供水分和养分。

2. 茎

马铃薯的茎分为地上茎、地下茎。地上茎为绿色、直立，茎上腋芽能形成分叉。断面菱形。埋在土壤内的茎为地下茎，包括匍匐茎和块茎。匍匐茎是茎在土壤中的分叉，是茎的变态。块茎是由匍匐茎末端节间极度短缩，积累大量养分并膨大形成的。块茎上有芽眼，一般每个芽眼有 3 个芽，中央为主芽，两侧为副芽，一般副芽不萌发。

3. 叶

幼苗的初生叶是单叶，全缘，颜色较深。随植株的生长，渐渐形成奇数羽状叶，叶上有茸毛和腺毛。

4. 花

为伞形花序或分叉聚伞形花序，着生在茎的顶端，花的开放标志着地下块茎开始膨大。早熟品种第一花序开放、中晚熟品种第二花序开放，地下块茎开始快速膨大。小花 5 瓣，两性花，白花授粉。

5. 果实与种子

浆果，圆形或椭圆形，青绿色。种子多为扁平近圆形或卵圆形，浅褐色，千粒重 0.5~0.6 克。果实生长与块茎争夺养分，对产量形成不利，摘除花蕾有利于增产。

二、对环境条件的要求

1. 温度

马铃薯块茎形成的最适土壤温度为 16~28℃，白天气温 20~25℃ 和夜间气温 12~14℃ 的时期。块茎萌芽的适宜温度 8~10℃ 时，10~12℃ 时幼芽可苗壮成长并很快出土。植株生长最适温度为 21℃ 左右。

2. 光照

马铃薯是喜光作物，充足的光照利于茎叶生长和现蕾。较短的日照对块茎的形成有利。

3. 水分

马铃薯开花前后，正是块茎膨大期，土壤水分要补充足够，易于获得高产。块茎膨大后期，应减少灌水。土壤水分经常保持 60%~80% 比较适宜。

4. 土壤养分与 pH 值

马铃薯是高产作物，需肥量较大，尤以钾肥的需要量最为突出。一般氮、磷、钾的比例为 5：10：10 或 4：8：10。忌施用含氯离子的肥料。马铃薯对土壤的适应范围较广，以土层深厚、结构疏松、排水良好、富含有机质的微酸性壤土最适合马铃薯生长，土壤 pH 值适宜范围为 5~6。

三、栽培季节和茬次安排

马铃薯栽培茬次安排的总原则是把结薯期放在温度最适宜的季节，土温 16~18℃，白天气温 20~25℃ 和夜间气温 12~14℃ 的时期。各地可选择适宜时间进行春播夏收或春播秋收的露地栽培或地膜覆盖栽培；北方地区可以利用地膜加小拱棚、塑料大棚、温室等设施进行马铃薯冬春栽培。

四、春季地膜覆盖栽培技术

春季地膜覆盖栽培可以比常规露地栽培提早上市 10~20 天，抢到市场销售空档，提高经济效益。

(一) 整地施肥

尽量选择地势平坦、土层肥厚、微酸性的壤土茬。忌与茄科作物（如番茄、茄子、辣椒等）轮作，马铃薯是高产喜肥作物，需施足基肥。结合翻地施入腐熟农家肥每亩 5 000 千克，过磷酸钙每亩 25 千克，硫酸钾每亩 15 千克。依当地气候条件可垄作、畦作或平作。

(二) 品种选择

根据气候特点，选择高产、抗病、优质、商品性好，春播秋收的脱毒马铃薯品种。北方应选中熟丰产良种，如克新系列、高原系列、东农 303、克新 2 号、克新 6 号、大西洋等。在中原地区，需要选择对日照长短要求不严的早熟高产品种，而且要求块茎休眠期短或易于解除休眠，对病毒性退化和细菌性病害也要有较强的抗性，如克新 4 号、鲁薯 1 号、中薯 2 号、中薯 5 号、费乌瑞它等。

（三）种薯处理

选择薯皮光滑，颜色鲜正，大小适中，无病、无冻害、芽眼多、薯形正常的薯块作种薯，用种量每亩 120~150 千克。在播种前 20~30 天催芽。催芽前晒种利于早发芽、发壮芽。于晴天 10 时至 15 时把筛选好的薯种放在棚架、草苫或席上，让太阳光直接照射，晒 2~3 次。

切薯块在催芽前 1~2 天进行，每块至少要有 1 个芽眼，块重 25~50 克。薯块切面若发现有乳黄色环状或枯竭变黑等症状时，应丢弃该种薯，并用 1% 高锰酸钾或福尔马林或 800 倍液 50% 多菌灵或 70% 酒精液擦涂茬体，或用水冲洗茬体，避免茬体污染其他种薯。切块后用 50% 多菌灵 500 倍液或 0.05% 高锰酸钾溶液浸种 5~10 分钟，捞出晾干用草木灰拌种，具有补钾、抗旱、抗寒、抗病虫的作用。稍晾即可催芽。在 15~18℃ 温度条件下暖种催芽每亩 10~15 千克。当芽长至 1~2 厘米时，即可在大田中移栽播种。

（四）播种

播种前 3~4 天，可将发芽的种块放在阳光下晾晒，薯芽变绿并略带紫色即可播种，注意温度应保持在 10~15℃，使芽粗壮，提高抗逆性。春播马铃薯应适时早播，一般来说，应当以当地终霜日期为界，并向前推 30~40 天为适宜播种期。播种时行距 30 厘米，株距 30~33 厘米，窝深 10 厘米，马铃薯芽眼朝下，然后覆土 3 厘米左右。栽植 4 500~5 000 株/亩。播前土壤墒情不足，应在播前造底墒，或于播种后浇水。

（五）田间管理

小苗出土后引苗露出地膜上，苗四周培土似露非露，严防烧苗、毁苗的损伤，也有利于保墒增温。苗期结合浇水施提苗肥，每亩施尿素 15~20 千克，浇水后及时中耕，中耕一般结合培土，可防止"露头青"，提高薯块质量。发棵期控制浇水，土壤不旱不浇，只进行中耕保墒，植株将封垄时进行大培土。培土时应注意不要埋没主茎的功能叶。结薯期土壤应保持湿润，尤其是开花前后，防止土壤干旱。在马铃薯始花期到盛花期用 5 毫升烯效唑 1 支对水 8 升，用量每亩 30 毫升，均匀喷洒在植株上，可起到增强植株抗性、减轻病害、防止徒长提早成熟和提高产量的作用，一般可增产 10%~15%。追施钾肥以现蕾初期效果最佳，每亩施入硫酸钾 10~15 千克，块茎产量提高显著。

（六）收获

大部分茎叶由绿变黄为成熟收获期。收获时要防止烈日暴晒。大面积收获应提前 2~3 天割去地上茎叶，待马铃薯表皮老化即可开挖收获。

第十二章 芸　豆

第一节　概　述

芸豆属矮生或蔓生性一年生草本植物，蝶形花科菜豆属。按茎的生长习性可分为三种类型，即蔓生种菜豆、矮生变种和半蔓生种；按荚果结构分为硬荚芸豆和软荚芸豆；按用途分为荚用种和粒用种；按种皮颜色分为白芸豆、黑芸豆、红芸豆、黄芸豆、花芸豆五大类。矮生芸豆又称为云豆、地芸豆、四季豆、芸扁豆，蔓生菜豆又称为架豆、架芸豆、豆角。

芸豆原产地在中南美洲，栽培技术大约在 16 世纪传入我国。芸豆是世界上栽培面积仅次于大豆的食用豆类作物，几乎遍布世界各大洲，种植面积 264.7 万公顷，占整个食用豆类种植总面积的 38.3%；总产量 1 629.4 万吨，占整个食用豆类总产量的 27.4%。黑龙江是我国出产芸豆品种、数量最多的省份，年产量达 30 万吨。河北省产地集中在北部，其中张家口地区的怀安、阳原、涿鹿、蔚县等地产黄芸豆 2 000 吨左右；坝上地区的张北、康保、沽源等地出产坝上红芸豆 1 万吨以上，并有少量深红芸豆。

第二节　芸豆优良品种

芸豆按豆荚的性质可分为软荚种和硬荚种两类，软荚种荚果缝线和腹线不发达，荚厚，粗纤维少，品质佳，荚果充分生长后仍柔软可食，在蔬菜栽培中均作鲜食之用。硬荚种的荚壁薄而纤维多，种子发育很快，只能在荚果很小时做菜食用，稍大果肉老化变粗硬，成为粮用芸豆。软荚种按生长习性分为矮性种和蔓性种两类。山东寿光、成武等地保护地芸豆栽培中常

见的优良品种有碧丰、老来少、将军一点红、架豆王、丰收 1
号、秋抗 6 号、秋抗 19 号、翠龙、沂蒙九粒白、架豆王 1 号、
一棵树等。

一、碧丰

中国农业科学院蔬菜花卉研究所和北京市农林科学院蔬菜
研究中心，于 1979 年 4 月自荷兰引进。

植株蔓生，生长势强，侧枝较多，节间较长，叶绿色，每
片复叶 3 片小叶，花白色，5~6 节位着生第一花序，每花序结
荚 3~5 个，单株结荚 20 个左右。嫩荚绿色，宽扁条形，长 21~
23 厘米，宽 1.6~1.8 厘米，厚 0.7~0.9 厘米。种粒部分荚面稍
突出，单荚重 14~16 克，荚纤维较少，品质较好。每荚有种子
6~9 粒，种子白色，百粒重 45~55 克，老熟荚稻草黄色。较早
熟，北京地区春播 65 天左右收获嫩荚，单株产量 0.13~0.2 千
克，亩产 1 300~2 000 千克。嫩荚脆、嫩、甜。田间表现较抗锈
病，不抗炭疽病。

寿光地区 4 月中旬播种，行距 60~70 厘米，株距 25~30 厘
米，每穴播 3~4 粒。苗期生长速度快，管理上要适当控水，以
防疯秧，通常播种前应浇水润畦，待土壤稍干不黏时进行播种，
苗出齐后浇一次出苗水。以后进行中耕蹲苗，控制水分，一般
直至开花后开始浇水，坐荚后应加强肥水管理。注意适时采收。

二、老来少

山东省潍坊市农家品种，又称白胖子芸豆，主要分布在寿
光、诸城一带。

植株蔓生，株高 2 米以上，生长势中等，叶片绿色，花白
色稍带紫红。嫩荚棍形，荚长 15~20 厘米，单荚重约 10 克。嫩
荚淡绿色，到食用采收期逐渐变为白色，外观似老，但食用时
鲜嫩，肉厚，纤维极少，品质极佳。荚鼓起，色白时熟食风味
最佳。种子肾形，种皮棕色。属早熟品种。

该品种适宜早春、越夏和秋冬茬栽培。播种到收获嫩荚约

59天。每亩可产1 500千克以上。该品种适应性广,适于山东、河北及东北地区栽培。

三、将军一点红

该品种由哈尔滨市农业科学院蔬菜花卉分院选育而成。

中早熟,从播种到采收70天左右。蔓生,生长势强。株高2.6米左右,有2~3个分枝。嫩荚扁条形,平均荚长18厘米,平均单荚重25克,荚鲜绿色,后期有红色条纹。采荚期长,耐热性好,抗逆性强。肉厚、肉面、无筋,长途运输荚色不变,口感亦佳,商品性好,是典型优质油豆角。亩产4 000千克左右,可在露地、保护地种植。

芸豆对日照的要求并不严格,所以南北方相互引种栽培都可以开花结实。芸豆是喜温植物,它对温度的适应范围较大,最高范围为30~36℃,最低为8~14℃,因此它能适应温室、大棚的温度特点。但将军一点红芸豆最适宜的温度范围是15~29℃,在栽培中温度过高或过低、湿度过大、过于密植或光弱都易影响开花坐荚,降低结荚率。

适宜早春、秋栽培。春栽培,东北主要在3—4月播种,5—6月收获。华北在2—3月播种,4—5月收获。秋冬栽培,东北在8—9月播种,10—11月收获。山东、河北等省在9—10月播种,10—11月收获。黄河以南10—11月播种,11—12月收获。

四、架豆王

架豆王是从江苏省农业科学院豆类研究室引进的。

该品种产量高、抗病、抗热,豆荚筋少,荚肉厚,纤维少,商品性好,品质鲜嫩。中熟,蔓生,生长旺盛。叶深绿,叶片肥大,自然株高3米,有4条侧枝,侧枝继续分枝。花白色,第一花穗着生在3~4节上,每穗花4~6朵,结荚3~5个。荚绿色,长圆形,长25~30厘米,横径1.0~1.2厘米。单荚重28克,单株结荚65个左右,最高可达110个左右,亩产量2 500

千克。从播种到收嫩荚 70 天左右，采荚期 30~40 天。

选有机质丰富、土层深厚、pH 值 7.0、排水良好、经过冻垡的壤土，每亩施腐熟有机肥 3 000 千克、复合肥 40 千克，敲碎、整平、做畦，四周设排水沟，沟宽 80 厘米、深 60 厘米，畦长 40 米，畦南北方向，畦宽 1.3 米（其中畦面宽 0.8 米，沟宽 0.5 米）。

用 50%多菌灵可湿性粉剂按种子量的 0.5%拌种，或用 40%多硫悬浮剂 50 倍液浸种 2~3 小时后，再用清水洗干净播种，可防治多种根部病害。3 月底挖穴直播。每畦播两行，株行距为 35 厘米、5 厘米，每穴播 3 粒种子，播前先浇底水。播好后畦面盖地膜，膜宽 90 厘米。

植株甩蔓时，结合轻浇粪水，及时搭架引蔓。采用 2.5~3.0 米长的竹竿，搭成"人"字形，在架材的中上部绑一横档，每隔 15 米左右用一较粗的架材固定，增强其抗倒伏能力。蔓上架初期以及刮风下雨后要扶蔓。

架豆王生育期长，需肥量多，施肥原则是施足基肥，轻施苗肥，花前酌施，花后勤施，盛荚期重施。苗期肥水过多，易沤根，叶片发黄，或者植株徒长延迟开花和落花落荚，前期肥水应以控为主。

抽蔓期，茎叶大量发生，根瘤菌尚未大量形成，可结合中耕培土追施一次粪水，每亩施 1 000 千克，促使蔓叶生长和花芽分化。

现蕾至初花期，植株进入营养生长和生殖生长并进阶段，需要大量肥水，每亩施硫酸铵 10 千克或人粪尿 1 500 千克。

开花结荚后，植株营养消耗大，应保证肥水的供应，保持土壤湿润。但此时大量根瘤已形成，固氮能力增强，应少施氮肥，每亩施复合肥 30 千克、过磷酸钙 10 千克、氯化钾 5 千克。以后每采收 2 次（5 天）追肥一次。喷施少量镁、铁、锌、铜肥可提高产量和改进品质。采收后期，如果植株不早衰，而气候条件适合其生育，可适当再追肥 1~2 次，以延长采收期，增加产量。

田间湿度管理及杂草防除：开花期相对湿度在 50% 以上为宜，适宜的土壤相对湿度为 60%~70%。干旱或雨水过多会引起落花落荚，须注意浇水及排除田间积水。整个生长期应及时拔除病株和杂草，疏去黄叶，增加光照，加强透风。理顺荚条，防止因机械阻碍引起的畸形荚发生。

病虫害防治：美洲斑潜蝇可用 40% 七星乳油 600~800 倍液或 90% 巴丹可溶性粉剂 2 000 倍液或 50% 辛硫磷乳油 1 000 倍液防治，一般于发生高峰期每 5~7 天施药 1 次，连续施 3 次。豆荚螟可用复方荚虫菌粉剂 500 倍液或抑太保乳油 1 500 倍液，从始花期开始喷施，每隔 5~7 天喷花蕾 1 次，8~10 时开花时施药最好。

白粉虱、蚜虫可用 20% 扑虱灵可湿性粉剂 1 000 倍液，或 73% 克螨特可湿性粉剂 1 000~1 500 倍液喷雾。用大蒜汁（取紫皮大蒜 250 克，加水浸泡 30 分钟，捣烂取汁，加水稀释 10 倍左右，立即喷洒）可防蚜虫。辣椒水（取干尖辣椒 50 克，加水 1 千克煮沸 15 分钟，过滤取上清液喷洒）可防白粉虱、蚜虫。叶螨可用克螨特 800 倍液或 5% 尼索朗乳油 1 500 倍液或 1.8% 虫螨克可溶性乳油 3 000 倍液喷雾防治。发现叶螨时立刻喷药，每隔 10 天喷 1 次，连续喷施 3 次。

锈病于发病初期喷 25% 百科乳油 1 500 倍液或 25% 粉锈宁可湿性粉剂 1 000 倍液或 50% 胶体硫 100~150 倍液，隔 10 天左右施药一次，连续 2~3 次。将菜籽饼 100 克捣碎，加少量热水浸泡 2.5 小时，过滤后加水 3 千克喷洒。灰霉病发生初期喷施 65% 甲霉灵可湿性粉剂 1 000 倍液或 28% 灰霉克可湿性粉剂 600 倍液或 50% 扑海因可湿性粉剂 1 000 倍液进行防治，或用 1% 武夷菌素水剂 150~200 倍液喷雾。炭疽病可用多菌灵粉剂 500 倍液或百菌清粉剂 500 倍液或 2% 农抗 120 水剂 200 倍液或 50% 代森锰锌 500~600 倍液，于发病初期开始喷施，每隔 7~10 天 1 次，连续喷 3~4 次。

细菌性疫病用 72% 农用链霉素可溶性粉剂或 100 万单位新植霉素粉剂 3 000~4 000 倍液喷雾防治。根腐病、枯萎病发病严重的地块要与非豆科作物实行 3 年以上轮作，并采用高垄栽培，防止田间积水。于发病初期用 70% 甲基托布津可湿性粉剂或 50% 多菌灵可湿性粉剂 500 倍液灌根。

及时采收，保证荚果鲜嫩，品质佳，产量高。6 月上旬采收，7 月中旬结束。采荚多在清晨进行，标准是荚的腹缝线尚未凹陷。

五、丰收1号

丰收 1 号从泰国引进，又名泰国豆、丰收豆。

植株蔓生，分枝多。每个花序结荚 5~6 个。嫩荚绿色，荚弯曲似镰刀形，荚长 21.8 厘米，宽 1.4 厘米，厚 0.8 厘米，荚面略有凹凸不平，其横断面扁圆形。成熟种子肾形，种皮乳白色，百粒重 36.4 克左右。在内蒙古属中熟品种，播后 60 天左右采收。植株生长势强，抗病，较耐热。嫩荚肉较厚，纤维少，不易老，品质好。亩产 2 500~3 000 千克。

（1）适时播种，保证全苗。在气温稳定通过 8℃ 以上即可播种。春争日，夏争时，二茬播种一定在头茬收获前及时播种，此时正是气候炎热时节，要注意苗期管理，防止苗期感染病害，使小苗度过热天。

（2）合理密植。合理密植是夺取高产的关键，要求行距 66 厘米，穴距 26 厘米，两行一架。每穴 4~5 粒，亩用种量 8 千克，保穴 3 900 穴，亩保苗约 1.2 万株。

（3）加强肥水管理。每亩施混合农家肥 4 米^{3}加 25 千克过磷酸钙作基肥。播种选在晴天，播后半个月出齐苗，出苗后及时查苗补苗，以使苗全苗壮。

苗期要控制浇水，以利提高地温。3 叶 1 心时浇一次水，然后中耕，在开花前浇 2~3 次，初花期不浇水。芸豆植株进入旺盛时期后水分与养分需要量增加，幼荚 3~4 厘米时即开始浇水。

结荚初期 5~7 天浇 1 次水，使土壤相对湿度稳定在 60%~70%。进入高温季节，勤浇轻浇，采用早晚浇水和压清水等办法降低地表温度，恢复土壤通气，使根系正常生长，以保证枝叶和荚同时迅速生长。

结荚期应施 2~3 次肥，如 6~7 天浇一次水，两次浇水加一次粪肥水，以供豆荚生长。

（4）绑架与采收。在幼苗长到 4~5 片复叶，二次中耕结束时要马上插架，做成"人"字形架竿。如二茬复种秋芸豆和秋黄瓜，架头要连接加固，以防风吹倒。

从开花到结果 13 天即可上市，前期摘荚 4 天一次，盛期 2 天一次。

（5）倒茬轮作，种地养地。由于丰收 1 号芸豆生长期短，春夏均可种植，这就为倒茬轮作创造了有利条件，应合理安排轮作。

（6）加强管理。芸豆生长期间遇夏季高温时要注意防锈病，可采取早晚勤浇小水降低地温和勤摘根部成熟豆荚及打掉根部黄叶等措施。

六、秋抗 6 号

该品种由天津市蔬菜研究所育成。植株蔓生，株高 2.5 米，生长势强。有 3~4 个侧枝，叶淡绿色，第一花序着生在 5~6 节，每花序 8~12 朵花，花白色，每花序 2~5 个荚。嫩荚绿色，近圆棍形，稍弯曲，长 17~20 厘米，横径 1.0~1.2 厘米，单荚重 12~14 克。嫩荚肉厚，水分和纤维少，蛋白含量高。每荚有种子 6~9 粒，种皮黄色，无斑纹，肾形，种粒较小。中熟，从播种至收获嫩荚 55~60 天，采收期 30 天左右。亩产 2 000~2 500千克，耐盐碱，耐热，对疫病、枯萎病、病毒病抗性较强。

山东地区春季栽培，4 月下旬至 5 月上旬播种，6 月中旬至7 月中下旬收获。可适当晚播，发挥其延后供应的作用。秋季栽培，7 月上中旬播种，9 月中下旬收获。行距 66~80 厘米，株距

17~28 厘米，每穴留苗 2~3 株，每亩用种量 4~5 千克。秋季栽培要防涝，以高畦栽培为宜，注意施用磷、钾肥，避免重茬，做到及时插架，防治蚜虫和红蜘蛛。

七、秋抗 19 号

该品种是天津市农业科学院蔬菜研究所选育的优良品种，1987 年通过天津市农作物品种审定委员会认定。

植株蔓生，株高约 2.8 米，生长势强，有侧枝 2~3 个，茎绿色，20 节左右封顶。花白色，第一雌花着生在 3~4 节，每花序有 4~6 朵花，结荚 2~3 个，单株结荚 20~30 个。嫩荚近圆棍形，荚长约 20 厘米，横径 1.2~1.3 厘米，单荚重约 15 克，嫩荚深绿色，肉厚，纤维少，品质好。每荚有种子 7~10 粒，种粒外皮灰褐色，肾形，无斑纹。中熟，从播种至采收嫩荚为 55~60 天，采收期约 30 天。亩产 2 000 千克左右。对疫病、枯萎病抗性强，抗盐碱。

春季栽培，4 月下旬至 5 月上旬播种，6 月中旬至 7 月中下旬收获。可适当晚播，发挥其延后供应的作用。秋季栽培，7 月上中旬播种，9 月中下旬收获。行距 66~80 厘米，株距 17~28 厘米，每穴留苗 2~3 株，每亩用种量 4~5 千克。秋季栽培要防涝，以高畦栽培为宜，注意施用磷、钾肥，避免重茬，做到及时插架，防治蚜虫和红蜘蛛。

八、芸丰

大连市农业科学研究所育成。

蔓生品种，长势中等，自然株高平均 2.2 米，叶色绿。花序长 3~11 厘米。白花，旗瓣基部内侧粉色，第一花序着生在 3~4 节。嫩荚淡绿色，圆长，平均荚长 22.8 厘米，宽 1.4 厘米，厚 1.5 厘米，单荚重 16.77 克。种子土褐色，肾形，千粒重 340 克。属早熟品种，从催芽到始收期的生育天数为 73 天。品质优良，风味好，嫩荚中含蛋白质 1.86%，脂肪占干重的 2.0%，维生素 C 含量 18.2 毫克/100 克，可溶性总糖 2.75%，干物质

9.46%，平均单株结荚 24～26 个。较抗炭疽病，中度感锈病。春播亩产 2 000 千克，秋播亩产 1 500 千克。

春播"谷雨"或终霜前半个月左右，平均地温稳定在 7～8℃为"早播小芽"的适期和最低温度指标。行穴距以 50 厘米×25 厘米，每穴 4 株较好。促而少控，生育期以促为主。秋播，7 月下旬至 8 月初播种，9 月中下旬至 10 月中下旬收获。加强肥水，注意田间管理。在河南小拱棚栽培，2 月中下旬温室育苗，8 月上中旬定植，苗龄 20 天。春露地栽培 3 月下旬至 4 月上旬播种，覆盖地膜。秋季栽培 8 月上旬播种，行株距为 62 厘米×26 厘米，施足底肥，巧施追肥，幼苗期结合浇水追尿素 20 千克/亩。结荚期加强肥水管理，追肥 2～3 次，每次施用尿素 10 千克/亩。

九、沂蒙九粒白

沂蒙九粒白是山东省临沂市蔬菜研究所利用地方传统品种资源育成的芸豆新品种，经鲁南、苏北多个地区试种，均表现出早熟、丰产、优质、抗性强的特点，一般亩产 2 500 千克，高肥水地块产 3 000 千克以上。适合大田连片、保护地及庭院种植，深受菜农及消费者的青睐。

沂蒙九粒白生育期 90 天左右，属早熟品种。植株属无限生长型，秧蔓生长繁茂，具有无限结荚习性，秧蔓高达 2 米以上，单株结荚多，丰产性能好，从出苗至开始采收嫩荚 60 天。叶片大小中等、色淡、蔓生，第 4 片真叶叶腋着生第 1 花序，花白色，单株结荚 48 个。豆荚白绿色，呈扁圆棍形，荚长 20～25 厘米，单荚重 20 克左右，肉质松软鲜嫩，粗纤维少，耐老熟，有筋无革质膜。豆荚鼓起变白时熟食风味佳，抗病能力强，产量高。

旱地应一次性施足底肥，一般每亩施农家肥 1 500 千克，碳酸氢铵 30 千克，过磷酸钙 30 千克。播种前土壤要进行药剂处理，防止地下害虫危害幼苗。

在播前用 25~30℃ 温水浸种 2~3 小时，然后在 25~28℃ 环境中催芽 2~3 天，待幼根长 1 厘米时进行播种。根据沂蒙九粒白生育期要求和来霜迟早确定播种时间，播前先将土地整理好，待墒播种或进行点浇播种。播种深度 3~5 厘米，采用穴播或条播。山旱地每亩 4 000 穴，每穴 2~3 粒，行距 50 厘米，穴距 33 厘米，每穴留苗 2 株，每亩留苗 0.8 万株左右。

发现土壤质地板结时，要破除板结土层，确保幼苗及时出土。芸豆出苗后，出现 2 片真叶时，及时定苗。结合定苗进行第 1 次锄草，根据草情，每灌一次水后，发现有草即进行锄草，防止草荒。根据土质情况在灌水时适时追肥，每亩追尿素 8 千克，以防出现脱肥现象。在九粒白芸豆开花前，喷施 0.03% 的磷酸二氢钾叶面肥水溶液。九粒白芸豆在各个生育期病害和虫害时有发生，应及时防治。

沂蒙九粒白芸豆适时收获是保证商品质量的关键，应在豆荚泛白时及时采收。

十、架豆王1号

高产架豆王 1 号是河南省安阳市蔬菜研究所选育的新品种。2005 年在河南、山东、河北、山西等地多点试种，表现为早熟性强，耐低温，抗病，高产，商品性好，适宜春秋露地栽培及春季大棚、小拱棚早熟栽培。

植株蔓生，生长势较强，蔓长 2.8 米，分枝节位在 4~5 节，有 2~3 个分枝。叶片中等大小，深绿色。坐荚率高，第一花序着生在 2~3 节，每序着花 6~10 朵。嫩荚为浅绿色泛白，一般荚长 25~28 厘米，宽 1.3~1.5 厘米，单荚重 25~30 克，每荚种子数 8~10 粒。耐老化，口感好，商品性好。种子椭圆形或肾形，浅灰色，带条纹。从出苗至初收 50 天左右，一般亩产 3 000 千克，最高可达 4 200 千克。

黄河流域春播 3 月下旬至 4 月上旬，秋播 7 月中下旬。春季大棚可适当提前 10~15 天。一般采用直播，也可育苗移栽，保护地育苗，出苗后 10~15 天移栽。

种植地块深耕 30 厘米，做高畦，畦高 30 厘米，宽 110 厘米，呈龟背形，每畦播两行。直播前施足底肥。选种，晒种 1~2 天。点水穴播，行距 55 厘米，株距 35~40 厘米，每穴 3~4 粒，每亩 3 000 穴，用种量 4~5 千克。播后覆盖地膜，防寒保温。每穴保苗 2 株。

出苗 15 天后，根据天气情况，结合浇水，每亩追施尿素 10 千克，促苗早发。干花湿荚，前期控制水肥，防止徒长。中耕 2~3 次，提高地温，促进根系生长。进入结荚期后，5~7 天浇一次水，结合浇水追施蔬菜专用冲施肥 10~15 千克，隔水一次。进入结荚盛期，7~10 天追肥一次，每次追施腐熟有机液肥 1 000 千克，或用尿素 15 千克，共追施 3~4 次。

豆荚饱满，豆粒略鼓，由绿变白时，要及时采收。采收过迟，容易引起植株早衰。

主要病虫害是锈病和豆荚螟、蚜虫。锈病在发病初期用 50%萎锈灵乳油 800 倍液或 15%三唑酮可湿性粉剂 1 000~1 500 倍液或 25%敌力脱乳油 2 000 倍液防治，10~15 天喷洒 1 次，2~3 次即可。

豆荚螟可用以下方法：使用防虫网，并及时清理落花落荚，摘除被害的卷叶和豆荚，减少虫源。悬挂黑光灯或佳多频振式杀虫灯，诱杀成虫。农药防治用 5%卡死克乳油 1 500~2 000 倍液或 20%氰戊菊酯乳油 1 500 倍液或 48%乐斯本乳油 600 倍液或 2.5%菊酯乳油 2 000 倍液，5~7 天喷洒 1 次，连续 2~3 次。对蚜虫，可用 0.5%虫螨灵 800 倍液或 10%吡虫啉可湿性粉剂 2 000 倍液或 50%抗蚜威可湿性粉剂 1 000 倍液防治，5~7 天喷洒 1 次，连续 2~3 次。

十一、"一棵树"

黑龙江佳木斯市西林种子有限公司育成。

植株蔓生，生长势强，蔓长 3 米，每株 4~6 个分枝。

叶片大，深绿色。花冠紫色，每一花序可着生 4~6 朵花。嫩荚鲜绿色，在光照充足时呈微紫色，荚长 20~22 厘米，保护地栽培可达 25 厘米。荚宽 3.2~3.4 厘米，荚厚 0.5~0.8 厘米，荚宽扁条形，最大单荚重 35 克，平均单荚重 27~26 克，一般栽培条件下，每 19~22 个荚可达 500 克。嫩荚纤维少，荚肉厚，不易鼓豆，易煮熟。通常每荚含种子 5~7 粒，种子肾形，淡紫褐色并带有黑紫色条纹，千粒重 650 克左右。

该品种为中熟种，在棚内适应高温且较耐低温，适宜保护地和露地栽培。保护地栽培从出苗到嫩荚采收 65 天左右。平均亩产量 2 000 千克，保护地栽培高于 2 000 千克。

当地春季露地栽培，5 月上旬播种，株距 40 厘米，行距 70 厘米，穴播，每穴播 3~4 粒种子，每亩用种量 6~7 千克。露地栽培也可先在保护地内用塑料营养钵育苗，于晚霜结束后定植于露地，以提早上市，提高经济效益。保护地栽培可直播，株距 35 厘米，行距 65 厘米，也可采用塑料营养钵育苗，然后定植于保护地内。

第三节　芸豆栽培技术

一、大棚芸豆栽培的八项措施

（1）选用多样化优良品种。改单一品种为多样化优良品种，针对过去芸豆品种单一、抗病性弱、果形瘦小、产量低、商品性差等退化现象，应选用果色浓绿、果形较大、高产稳产的超级架豆王、丰收 1 号等。

（2）改善播种方式。改晚播、直播为适时育苗移栽，通过试验和对菜农调查，育苗移栽比直播有三大优点：一是可提前播种 10~15 天；二是小面积集中育苗可增加苗床的保温设施，有利于发挥冬暖式大棚的优势，确保苗齐苗壮；三是通过移栽可起到控苗作用，提前开花结果 7~10 天。总结出了催芽—营养土配制—播种—移栽—提前扣棚技术经验。

（3）大拱棚多膜覆盖。大拱棚与小拱棚比，能进行多层覆盖，有利于操作，可以分次上架，能够延长覆盖时间，提高夜温 2~4℃，提早播种 10~15 天，增产 10%左右。

在大面积推广大拱棚的同时，也扩大了多层覆盖面积，并将普通农膜更换为聚乙烯无滴膜。推广小拱棚—大拱棚—草苫多层保护。这种保护栽培形式可提前 1 个月播种，上市期可提前 15~20 天，每亩效益比小拱棚增加近 940 元。

（4）全生育期覆盖。以前的芸豆生产以中、小拱棚为主，于 4 月下旬撤棚插架，一是容易受到晚霜的危害，造成落花、落果。二是遇到雨水较多的年份，造成秧棵旺长，落花、落荚更为严重，产量低而不稳。大棚栽培，棚宽 8 ~ 10 米，棚高 2.6~2.8 米，芸豆开始甩蔓后仅撤掉小棚即可插架爬蔓，生长后期将大棚膜两边全面掀起，遇晚霜和大雨天气再将棚膜放下，从而提高了抗御自然灾害和人工控制能力，确保了芸豆生产高产高效。

（5）前控后促。芸豆从开始开花到第 1 花序坐住荚，约经 7 天。此期主蔓 10 节以下的花序和侧枝 4 节以下的花序均已开花，上部节位孕育着大量发育程度不同的花蕾，植株生长旺盛，与开花坐荚争夺养分。因此，在栽培管理上应以促进坐荚为目标，通过控制灌水，调节营养分配，促使第 1 花序坐荚，防止初期落花。第 1 花序坐荚后的整个花期 25 ~ 30 天，时间较短，此期茎叶生长已趋缓慢，蕾与花之间、花与荚之间和荚与荚之间的养分争夺十分突出，发生大量落花落蕾，并出现不完全花，应加强水肥管理。花期要采取前控后促的管理方法，使其早坐荚，早上市。荚果长至 5 ~ 7 厘米时，水肥猛攻，提高产量和质量。

（6）施肥种类。改重施氮、磷肥为控氮、稳磷、增钾、添微肥。芸豆多种植在土层深厚、土壤肥沃、排灌自如的壤质菜园地上，耕层土壤有机质 1%以上，长期以来氮、磷肥施用量较多，缺钾、缺微量元素日益突出。应亩施土杂肥 3 000 千克以上、尿素 20 千克、磷酸二铵 25 千克、硫酸钾 15~20 千克，土杂肥、磷酸二铵、硫酸钾可结合整地作为底肥一次性施入。尿素底施应少于 30%，其余 70% 在花果期结合浇水分期追施。喷施光合微肥，以增加微量元素，提倡喷施萘乙酸等生长素，保花果，增产量。

（7）种植模式。搞好芸豆接茬工作是提高单位面积产出效益的有效途径。为此，在茬口安排上，可选择早春甘蓝—黄瓜—芸豆—西葫芦、西瓜—芸豆、黄瓜—芸豆—西芹、春提早芸豆—冬芹菜、菜花—芸豆间作 5 种栽培模式。

（8）综合防治病虫害。过去，菜农对芸豆病虫害重治轻防。近年来，重茬连作较多，土壤病残体积累，种子带菌、土杂肥带菌等，致使病虫危害日益严重。针对这种情况，重点推广病虫害综合防治技术，改只治不防为以防为主，综合防治。一是合理轮作，实施芸豆与瓜类、茄科、十字花科、葱蒜类轮作 2~3 年。二是清洁田园，减少遗留在土壤中的病残体。三是施用腐熟土杂肥，防止病菌带入田地。四是严把种子关，采用温汤浸种、消毒。五是进行土壤处理，杀死土壤中残存的病虫。六是配方施肥、合理密植，提高植株抗病虫能力。七是有效药剂提前防治，特别是通过喷施粉尘剂和施放烟雾剂，提高防病虫效果。通过综合防治，根腐病、细菌性疫病等主要病害得到了控制，综合防效达 95.5%，保证了芸豆生产的高产高效。

二、芸豆三步施肥法

（1）育苗肥。芸豆栽培以直播为主。随着保护地芸豆栽培技术的发展，采用育苗移栽的方法在逐渐增加。育苗所用的营养土要选择 2~3 年内没有种过芸豆的菜土，用 4 份菜园土与 4 份腐熟的马粪和 2 份腐熟的鸡粪混合制成，在每 100 千克营养土中再掺入 2~3 千克过磷酸钙和 0.5~1.0 千克硫酸钾。土壤酸碱度应以中性或弱酸性为宜，土壤过酸会抑制根瘤菌的活动。在酸性土壤上，可酌量施用石灰中和酸度，施石灰时要与床土拌匀，用量不能太多，用量大或混合不均匀容易引起烧苗和氨的挥发，造成气体危害。

（2）基肥。芸豆是豆类中喜肥的作物，虽然有根瘤，但固氮作用很弱。在根瘤菌未发育的苗期，利用基肥中的速效性养分来促进植株生长发育很有必要。一般每亩用厩肥4 000~5 000千克，或用腐熟的垃圾肥5 000千克，磷酸钙20~35千克，草木灰100千克。矮生芸豆的基肥量可以适当减少。芸豆根系对土壤氧气的要求较高，施用未腐熟鸡粪或其他有机肥，将导致土壤还原性气体增加，氧气减少，引起烂种和根系过早老化，对产量的影响很大。所以施基肥要注意选择完全腐熟的有机肥，不宜用过多的氮素肥料作种肥。

（3）追肥。播种后20~25天，在芸豆开始花芽分化时，如果没有施足基肥，芸豆将表现出缺肥症状，应及时进行追肥，每亩追施20%~30%的稀人畜粪尿约1 500千克，也可在每1 000千克稀粪中加入硫酸钾4~5千克。及早进行追肥增产效果明显，但苗期施过多氮肥，会使芸豆徒长，因此，是否追肥应根据植株长势而定。

芸豆在开花结荚期需肥量最大，蔓生品种结荚期的营养主要是从根部吸收来的，有一部分是从茎叶中转运过去的，而且开花结荚期较长。矮生品种芸豆结荚期的营养由茎叶转运的高于根部吸收的，因此，蔓生品种较矮生品种需肥量大，施肥的次数也要多。一般矮生芸豆追肥1~2次，蔓生芸豆追施2~3次。每次追施纯氮3~5千克，氧化钾5~7千克（硫酸钾10~15千克），最后一次氮肥的用量减半，钾肥用量也可减半或不施。

三、提高芸豆的结荚率

（1）保持干花湿荚。芸豆水分管理应看天、看地、看作物，遵循"干花湿荚"前控后促的浇水原则。出苗后到开花，控水为主，如果墒情好，只在临开花前浇一次水，供开花所需，然后一直蹲苗到荚果初期才浇头次水。坐荚后植株旺长，茎叶又开花结果，需要大量水分和养分，这时候以促为主，加大浇水量，使土壤相对湿度稳定在60%~70%。进入高温季节，采用轻浇、勤浇、早晚浇水等办法。

（2）合理施肥。在施足基肥和早期轻追肥的基础上，花荚期还需追肥2~3次，达到长荚保叶的目的。氮肥要适量，磷、钾肥要配合，避免氮肥过多，造成植株徒长，导致落花落荚和影响根瘤的形成。施肥以腐熟的人粪尿、厩肥为主，适量施些过磷酸钙、氯化钾和草木灰等。

（3）通风透光。为避免芸豆互相遮阳，棚室芸豆应采用尼龙绳吊蔓，露地栽培应采用南北向"人"字形花架。棚室栽培密度应控制在2 000穴以内，密度过大，相互遮光又不通风，会造成只长秧不结荚。及时摘除下部枯老的黄叶及病虫枝叶，改善通风透光条件，减少养分消耗，有利于保花保荚。

（4）及时采收。及时采收，既可保证豆荚品质鲜嫩，又减轻了植株负担，有利于促进其他花朵开放结荚，还可延长采收期、提高结荚率。秋芸豆前期温度高，开花后10天左右可采收；后期温度低，花后13天可采收。

（5）药剂处理。在开花期用5~25毫克/千克浓度的萘乙酸或β-萘氧乙酸或2毫克/千克浓度的邻氯苯酚代乙酸或5~25毫克/千克浓度的920液喷施花序，对抑制离层形成、防止落花、提高结荚率也有较好的效果。

四、大棚芸豆越冬茬栽培关键技术

（1）品种选择。冬暖大棚栽培应选用耐低温、弱光，开花结荚早，产量高、品质好、抗病性强的蔓生品种，如绿丰、绿龙、架豆王等。

（2）播期。冬茬温室芸豆播期一般在10月中下旬，1月底始收，从播种到始收90~100天。每穴2~3粒，1千克种600穴，亩用种3.5~4.0千克。

（3）播种与育苗。冬季生产采用育苗移栽，不要直播，因为直播出苗不整齐，不能保全苗。直播的种子接触肥料，易腐烂。播前精选种子是保证发芽整齐、苗全、苗壮的关键，保留籽粒饱满、具有品种特性、有光泽的种子，剔除已发芽、有病斑、虫害、霉烂和有机械损伤、混杂的种子。播前晒 1~2 天，浸种 6~8 小时，以提高发芽势和发芽率。营养钵育苗，育苗土最好选用上茬花生、甘薯等地块比较疏松、肥沃的土，过筛，不施任何肥料。在浇足底墒水的基础上，苗期基本不必浇水，出苗后温度不宜过高，白天 20~25℃，夜间 10~15℃，防止徒长。要及时倒苗，使秧苗生长一致，苗龄 17~20 天。

（4）定植。冬季生产芸豆是在逆境中生长，如何提高地温十分重要。提高地温的主要途径有：增施农家肥，亩施腐熟优质农家肥 1 万千克以上。土壤黏重的掺沙改土。采用高垄栽培，垄高 15 厘米左右。深冬芸豆栽培成败的关键是密度，密度过大，通风透光不良，只长秧不结荚。通过几年的试验证明，以亩栽 2 000 穴，每穴 2 株为宜。株行配置模式有两种：一种是单行，一种是双行。单行的行距 0.8 米，株距 0.4~0.45 米；双行的大行距 0.8 米，小行距 0.6 米，株距 0.5 米。

（5）定植后的管理。定植后的温度管理很关键，温度适宜，秧苗生长苗壮。温度高，光照弱，节间长，叶片很小。温度过低，秧苗受冻。一般定植到缓苗温度可适当高些，白天 25℃ 左右，夜间 15℃ 左右，以促缓苗。缓苗后，白天温度 20℃ 左右，夜间 10~20℃。幼苗出土或定植缓苗后的管理主要是中耕。一般在幼苗出土后，每隔 10 天左右中耕一次，连续 2~3 次，并逐步由深到浅，同时还应在苗株周围适当培土，以利于根系生长。冬季生产在芸豆团棵期要进行吊蔓，最好不用竹竿，因竹竿影响光照，同时也给落秧带来一定的困难。为了解决冬季生产豆角只长秧子不结荚，或结荚从上向下的问题，要采取落蔓方法，控制顶端生长优势，强迫营养重新分配，控制营养生长，促进生殖生长。落蔓方法是：当蔓长 1 米时，把蔓连同吊绳落下，使之继续向上生长，可落蔓多次。在浇足底墒水的基础上，前期基本不必浇水，以控水蹲苗为主。定植至采收约 70 天时间，一般浇两次水即可，第一水在开花前浇，第二水荚长到 3 厘米长时浇，结荚后即使冬季水也不能缺，要改变冬季不敢浇水的习惯。但浇水应注意几点：一是必须早晨开始浇水，浇到上午 10 点钟，浇不完第二天再浇；二是注意天气预报，选择冷尾暖头时浇水，阴天、雪天、寒流、大风降温等不良天气绝不能浇水。尽管豆角有根瘤菌，能从空气中固定一部分氮，但因为冬季气温低，根瘤形成的很少，所以追施氮肥还是必要的，每次亩施硝酸铵 30 千克、磷酸二氢钾 2 千克，随浇水冲施。根外追肥对于冬季生产是不可少的，选用的叶面肥有必多收、太阳花、多氨液肥、磷酸二氢钾等。

（6）采收及中后期管理。温室栽培芸豆要适时采摘嫩荚，既可保证良好的商品价值，又可调整植株的生长势，延长结荚期，提高产量。进入结荚盛期，气温随之升高，植株生长旺盛，需加强水肥管理，一般 4~5 天浇一水，隔一水追一次肥。一般 4 月底 5 月初第 1 期芸豆基本收完，这时市场价格还较高，要加强水肥管理，可用生物固氮肥灌根，每亩 3 千克，促第 2 次结荚；如秧过旺，郁蔽严重，可去掉部分老叶。

（7）病虫害防治。主要害虫有蚜虫、豆螟等。蚜虫可用 40%乐果乳油 1 000 倍液加 80%敌敌畏 1 000 倍液混合喷洒。豆螟可用 21%灭杀毙乳油 2 000 倍液喷雾防治。

病害主要有芸豆炭疽病、锈病和病毒病等。

芸豆炭疽病使子叶受害，病斑为红褐色近圆形凹陷斑，叶上发病呈现褐色多角形小斑，茎上病斑为条状锈色斑，凹陷或龟裂常使幼苗折断。荚上病斑暗褐色，近圆形稍凹陷，边缘有深红色晕圈。潮湿时，茎、荚上病斑分泌出肉红色黏稠物。低温（14~17℃）、高湿（空气相对湿度接近 100%）是发病的适宜条件。播种时多雨，扣膜前露水加上低夜温，扣膜后高湿低温，都可能引起本病大发生。药剂防治用 50%多菌灵可湿性粉剂 500~800 倍液或 50%代森铵水剂 800~1 000 倍液，7 天 1 次，连喷 3 次。芸豆锈病的防治见架豆王栽培部分有关内容。

芸豆类病毒病症状是：叶片发病产生浓淡相间的花斑，时有深绿斑块形成疮斑，叶变畸形，出现各种类型的花叶，有的出现蕨叶，严重时植株矮小或全株呈矮缩、丛缩现象。种子带毒或由蚜虫、汁液接触摩擦传播。高温干旱、蚜虫多、管理粗放、苗期缺水可加重危害。防治要拔除个别发病株。发病初喷施病毒 A 加硫酸锌 300 倍液加高锰酸钾 1 000 倍液。严重时用病毒灵（河南荥阳产）一包（内含 3 小包），对 750 克碳酸氢铵混匀密封闷 24 小时，而后对水 200 千克喷雾。也可不加碳酸氢铵直接对水喷用。

五、越冬茬芸豆雪天的管理

白天降雪时要盖好毛苫，其上再加盖草苫，雪停后立即清除积雪；夜间降雪时应在翌晨雪停后及时扫雪，保持覆盖物干燥，并揭去覆盖物使幼苗见光。连续阴雪天气骤然转晴时，应在揭去覆盖物后注意观察秧苗变化，发现萎蔫时立即用草苫盖好，恢复后再揭开，如又发现萎蔫应再次盖上，如此反复，经过 2~3 天即可转入正常管理。若揭开不管，易造成倒苗。

六、春季矮生芸豆栽培措施

矮生芸豆即地芸豆，株高 50 厘米左右，分枝性强，结荚集中，生育期短，节省架材，近几年发展较快。春露地矮生芸豆的栽培措施主要有以下几项。

（1）选择优良品种。可选用法国地芸豆、黑粒地芸豆、美国供给者等品种。

（2）播种育苗及移栽。一般采取直播和移栽相结合的方法。即在播种畦内先按 35 厘米的行距开沟，播前沟内浇水，水渗下后按 15 厘米的穴距播种，每穴播种 4~6 粒。全畦播完后盖薄膜，苗龄 20 天左右。露地气候适宜时移栽，移栽时不浇水，干挖，隔一穴移出一穴，移植于定植畦内，行距 35 厘米，株距 30 厘米，播种畦的株距也变成 30 厘米。播种畦挖苗后，施入捣碎的圈肥，结合中耕松土，把畦整平。定植畦内先开穴栽苗，然后浇水。

（3）中耕松土。前期要勤中耕，使土壤疏松，以利提高地温和保墒，促进根系生长。从定植到团棵要连续中耕 3~4 次；团棵后，不便操作，可停止中耕。

（4）施肥浇水。团棵前一般不浇水。团棵时土壤墒情不足可以浇水，浇水后及时中耕松土。现蕾前进行追肥，每亩施氮素化肥 20 千克，结合施肥浇 1~2 次水。开花期不浇水，结荚后再浇水，促荚生长。以后可采收一次浇水一次，必要时可在浇水前进行追肥。

（5）促进结二茬荚。矮生芸豆的采收期很短，一般从开始采收到收完只有 20 天的时间，而这时植株茎叶仍保持旺盛的生长状态。当第 1 茬嫩荚基本收完后，每亩施入 20~25 千克尿素，并连浇两次水，促使植株各叶腋抽出新的花穗，结二茬荚。管理上注意及时防治蚜虫和红蜘蛛，新花穗开花期控制浇水，坐荚后要保持地面湿润，可显著提高产量，并延长供应期。

第十三章　食用菌

第一节　平菇高效生产技术

一、平菇概述

平菇属伞菌目，口蘑科，侧耳属。侧耳属有几十个种属，其中绝大多数种属可食。目前人工栽培的有糙皮侧耳、美味侧耳（紫孢侧耳）、白黄侧耳、佛罗里达侧耳、凤尾菇、金顶侧耳（榆黄菇）、阿魏侧耳、刺芹侧耳、鲍鱼菇、红平菇等十几种。在我国，栽培最为广泛、产量最多的是糙皮侧耳，即我们常说的平菇。

平菇不但肉质细嫩、味道鲜美、营养价值较高，而且栽培原料广泛、技术易掌握、适应性强、生产周期短、产量较高，因此，深为种植者和消费者欢迎。

近年来随着食用菌种植品种的增加，栽培资源种类的拓宽，栽培面积的扩大和栽培地域的扩展，对食用菌实行优质安全生产已成为食用菌产业可持续发展的重要内容，这不仅是节约资源、保护环境、提高产品在国际市场竞争力、增加菇农效益的需要，更是使产品质量符合"天然、营养、保健"要求的需要。

二、栽培季节与栽培场地

（一）栽培季节

华北、华东地区按自然气候条件，可在春、秋栽培，冬季大棚、温室也可栽培，而且冬季栽培成功率高，销售价格也高，可获得较好的经济效益。

（二）栽培场地

栽培场地分室内场地和室外场地两种类型，凡是能保温保湿的场所均可栽培平菇，如闲散房屋、日光温室、塑料大棚、地下室、防空设施、山洞等场所均可利用。

1. 室内场地

利用闲散房屋，如厂房、库房、民房等均可栽培平菇，但应进行必要的改造。宜选用北房，室内最好有顶棚，地面为水泥或砖，南北要有对称窗，靠近地面要有南北对称的通风口，四壁用白灰或涂料抹光，以便消毒。

利用地下室、防空设施、山洞等场所也可栽培平菇，但这些场所一般光线和通风条件较差，栽培时应增加光线，如每1.5平方米可安装1只60瓦灯泡。

2. 室外场地

阳畦或塑料棚受外界环境条件影响较大，易升温和降温，便于通风换气，但保温效果差，适合春、秋适温季节栽培。

半地下阳畦或日光温室能充分利用太阳辐射热升温，且保温保湿性能好，受外界环境影响较小，适合早春、晚秋和冬季栽培。

三、品种选择

选用品种主要考虑品种的温度类型、出菇特点及其形态特征等。

北方选用的主要品种有平菇 2019、平菇 1500、灰平菇、平菇 2026、杂 24、白平菇和黑美平菇、黑优抗平菇等。

四、栽培料的选择与配制

（一）栽培料配方

1. 栽培料的主要原料

栽培料是平菇生长发育的物质基础。

根据平菇对营养的要求，多种农作物的秸秆皮壳均可栽培平菇，其中棉籽壳、玉米芯作为主要原料产量较高，一些地区使用稻草、花生壳等作为栽培主料，也取得了较好效果。

我国北方玉米芯来源广泛，价格低廉，目前应用最多。

2. 栽培料的常用配方

现列举几种常用的配方：

棉籽壳 94%、麸皮 5%、石膏粉 1%、多菌灵（50%）0.1%。

棉籽壳 90%、麸皮 5%、豆饼粉 1%、磷肥 1%、石膏粉 1%、石灰 1%、尿素 0.2%。

玉米芯（粉碎成黄豆粒大小）93%、棉籽饼粉 4%、过磷酸钙 1%、石灰 1%、石膏 1%。

玉米芯或花生壳 87%、麸皮 10%、过磷酸钙 1%、石膏粉 1%、石灰 1%、尿素 0.3%~0.5%。

酒糟 77%、木屑 10%、麸皮或米糠 10%、过磷酸钙 1%、石灰 1%、石膏粉 1%。

麦秸或稻草 92%、棉籽饼粉 5%、过磷酸钙 1%、石灰 1%、石膏粉 1%、尿素 0.3%~0.5%。

【专家提示】

栽培料的选择应根据当地资源情况来选择，另外也要考虑栽培成本。近几年随着棉籽皮价格的上涨，应使用其他原料来替代棉子皮。

（二）栽培料的配制

1. 配制方法

栽培料应新鲜，无霉烂变质，先在阳光下暴晒 2~3 天，然后按配方比例称取各物质，按料水比 1:（1.3~1.5）加水拌料，充分搅拌均匀，堆闷 2 小时后再用。

2. 注意事项

拌料时应注意以下几点。

含水量要准确。手握拌好的栽培料，指缝间有 1~2 滴水滴下，说明含水量适宜。

拌料要均匀。含量较少又可溶于水的物质，如糖、石膏、尿素、过磷酸钙、石灰等应先溶于水中，然后再拌料。

先将麦秸和稻草压扁、铡碎成 2~3 厘米的小段，用 pH 值为 9~10 的石灰水浸泡 24 小时，捞出沥干，再加入其他辅料，充分拌匀。玉米芯应先粉碎成黄豆粒大小的颗粒再加水拌料。

酒糟应先充分晒干，晒干过程中要经常翻动，以利于酒糟气味挥发，然后再加水拌料。

（三）栽培料的堆积发酵

先将栽培料按料水比 1：（1.8~2）加入 pH 值为 9~10 的石灰水拌料，充分搅拌均匀。

然后选择背风向阳、地势高燥的地方，按每平方米堆料 50 千克堆积发酵，栽培料数量少时堆成圆形堆，有利于升温发酵。

如果数量大可堆成长条形堆，麦秸和稻草因有弹性应压实，其他栽培料应根据情况压实，然后用直径 2~3 厘米的木棍每隔 0.5 米距离打一个孔洞至底部，以利通气。

之后覆盖塑料薄膜保温保湿。经 1~3 天料温升至 50~60℃ 时保温 24 小时，然后翻堆，翻堆时要将外层料翻入内层，再按原法盖好，当温度再次升至 50~60℃ 时保温 24 小时，发酵结束。

发酵过程中，如果温度达不到 50℃ 以上，应延长发酵时间。发酵后期，为防止蝇蛆可喷敌敌畏 500~600 倍液，为防止杂菌发生，也可拌入 0.1% 的多菌灵或 0.2%~0.5% 的甲基托布津。

五、装袋接种

平菇可采取多种栽培方式，如畦栽、抹泥墙栽培、塑料袋栽培等。其中塑料袋栽培法具有移动和管理方便、保温保湿性能好、栽培成功率高、产量高等优点，被广泛采用。

（一）塑料袋规格与装料量

栽培平菇选用的塑料袋大小与栽培季节有关，气温低时宜选用长而宽、气温高时宜选用窄而短的塑料袋。一般选择宽 20~24 厘米，长 40~45 厘米的塑料袋。

每袋装干料 0.8~1.2 千克，栽培袋过大将延长栽培周期，且生物效率偏低。

（二）栽培种处理与接种量

1. 栽培菌种的选择

应严格选择栽培种，检查菌种有无杂菌，菌丝生长是否正常，有无特殊的色素分泌，不正常的要淘汰。

要求菌丝生长旺盛，菌龄不可过长。

瓶装栽培种可用镊子从瓶中掏出；袋装栽培种，可用刀片将袋划开，取出菌棒，将菌种放在清洁盆中，用手掰成 1~2 厘米的小块，切不可求快用手搓碎，更不能捣碎菌种，否则将损伤菌丝，甚至使菌丝死亡。

掏取菌种应在室内或室外背阴处进行，要求环境清洁、无尘，喷洒消毒药液，操作者更应搞好个人卫生，手要用 75% 的酒精棉球严格消毒。

2. 接种量的确定

接种量对菌丝生长及防止杂菌有重要影响。

接种量较大，菌丝生长快，可抑制杂菌发生，提高栽培成功率，但栽培成本相应提高；菌种量小，虽可降低栽培成本，但菌丝生长慢，污染机会增加。

一般接种量为 6%~10%，即 100 千克料用栽培种 6~10 千克，初次栽培者可适当加大菌种量，以保证栽培成功。

（三）装袋与接种

接种：平菇栽培一般采用 3 层菌种 2 层料的接种方式，即袋的两端和中间各放一层菌种，其他为栽培料。

装袋：先将塑料筒一端用塑料绳扎死或两个对角直接扎上，首先装入一层菌种，再装料，边装边压实，用力要均匀，当料装至袋的 1/2 处时，装入中间一层菌种，接着再装料，装到距袋口 8~10 厘米时，装入最后一层菌种，稍压后封口。

【专家提示】

装袋时应注意以下几点：一是装袋时应经常搅拌培养料，使其含水量上下均匀一致，防止水分流失；二是注意装料的松紧度，装料不可过紧，否则通气不良，菌丝生长受影响，也不可过松，否则菌丝生长疏松无力，影响产量；三是当天拌好的菌种应当天用完，不可过夜。

六、菌丝体阶段管理

此阶段是决定栽培成功率和能否获得高产的关键时期，管理的重点是控制温度，保持湿度，促进菌丝的生长，严防杂菌的发生和蔓延。

（一）培养室的消毒与栽培袋的堆放

培养室首先要清理干净，四壁、地面和床架上喷洒浓石灰水或0.1%的多菌灵药液，高温多雨季节地面上再撒一层石灰粉。栽培袋可直接排放在培养室地面上，也可排放在室内床架上。

低温季节，如晚秋和冬季，栽培袋可在地面上南北2行并列为1堆高8~12层，两排间留50~60厘米走道。每排两端垒砖柱或竹竿，防止袋堆倒塌。高温季节应单行排列，堆高4~6层。温度过高时还可呈"井"字形堆放，以利于降温和通风。栽培袋也可直接堆放在床架上，以增加堆放量，便于控制温度。

（二）环境条件的控制

控制温度培养室温度应控制在20~23℃，料温控制在22~25℃，宜低不宜高。料温超过25℃，特别是超过28℃时，应立即采取降温措施。

保持湿度：培养室内空气相对湿度不宜过大，一般发菌初期不超过60%，空气相对湿度大，易发生杂菌；后期可适当增加至60%~70%，可避免栽培料过度失水。

调节空气：应保持发菌室空气新鲜，菌丝在生长过程中不断吸收氧气，放出二氧化碳，所以培养室要定期通风换气。一般每天通风1~3次，每次30~40分钟。通风换气还要结合温度和湿度情况进行，当温度高、湿度大且栽培量大时，应增加通风次数，延长通风时间。装袋时用塑料绳扎口的袋子，在菌丝向料内生长3~5厘米时，用刀在栽培袋两端开一个2厘米左右的小孔，以通风换气，加速菌丝生长。

调节光照：培养室内光线宜弱不宜强，菌丝在弱光和黑暗条件下能正常生长，光线强不利于菌丝生长。因此，室内发菌时门窗应挂布帘或草帘遮光；室外棚内发菌时应覆盖草帘遮光。棚内需见光增温时，应在栽培袋上盖报纸等遮光物，避免阳光直射栽培袋。

（三）定期翻堆和检查杂菌

菌丝生长过程中要定期翻堆，同时检查杂菌发生情况。前期一般2~3天1次，后期7~8天1次。如果料温过高可随时翻堆，翻堆时要上、下、内、外调换位置，有利于菌丝生长整齐。翻堆时检查杂菌，一旦发现污染，应及时拣出防治，对污染轻的栽培袋，可用浓石灰水涂抹污染处，或用注射器向患处注入0.1%~0.2%的多菌灵药液等，经防治的栽培袋另放在较低温度下培养。如果杂菌污染严重，应及时淘汰，经灭菌后可栽培草菇，也可深埋或烧掉，不可乱放。

为防杂菌发生，特别是高温季节，培养室内可定期喷洒0.1%~0.2%的多菌灵药液或3%的漂白精溶液等，以降低室内杂菌基数。

（四）菌丝生长缓慢或不长的原因

正常情况下，25~30天菌丝可长满栽培袋。如果栽培袋内菌丝不长或生长缓慢，可能有以下原因。

温度过高或过低，如温度超过35℃，特别是超过38℃或低于5℃。

发生大面积杂菌污染，栽培料湿度过大或过小，通风不良或不能满足其对氧气的需要。

栽培料压得过实，栽培料 pH 值不合适。

菌种衰退或生活力弱等。

七、子实体阶段管理

此阶段是能否获得高产的重要时期。管理的重点是控制较低的温度，保持较高的湿度，加强通风换气，促进子实体的形成与生长。

（一）子实体形成阶段

当菌丝长满培养袋后，及时将菌袋移到出菇室或出菇棚重新摆放。菌袋应南北单行摆放，有床架的摆放在床架上，无床架的可就地摆放，堆高 10~15 层，行间留 80~100 厘米的走道，走道应对着南北两侧的通风口。一般菌丝长满后，继续培养 5~7 天可自然出菇，为了尽快出菇和出菇整齐可进行催菇。方法如下。

降低温度，加大昼夜温差：将出菇室温度降到 15℃ 左右，昼夜温差加大到 8~10℃。

增加湿度：每天向出菇室空间喷雾状水 2~3 次，使空气相对湿度达到 80% 以上。

增加光线：白天揭开部分草帘或布帘，使出菇室保持较强的散射光。

催菇 3~5 天，菌袋的两端就可形成子实体原基（白色的菌丝团，可以分化出子实体），即出菇，这时应将袋口打开并抻直；当子实体原基分化形成幼菇时，将袋口挽起，使幼菇充分见光。

（二）子实体生长阶段

经催菇形成子实体后，要加强管理，严格控制环境条件，促进子实体生长。

1. 控制温度

出菇室温度控制在 10~20℃，超过 20℃，子实体生长较快，菌盖变小而菌柄伸长，降低产量与品质；温度低于 10℃，子实体生长缓慢，低于5℃，子实体停止生长。

室内出菇的，可通过通风换气来调整温度，冬季出菇，出菇室应有加温设施，但不可明火加温，否则子实体易中毒；室外出菇，可通过揭盖草帘和通风换气来控制温度，如冬季短时期温度过低，也可在棚内生火加温。

2. 保持湿度

湿度是子实体生长阶段极为重要的环境条件。出菇室的空气相对湿度应控制在85%~95%，不低于80%。每天用喷雾器向空间喷水2~3次，保持地面潮湿。

当菌盖直径达2厘米以上时，可直接向子实体上喷水，但不可向子实体原基或菇蕾上喷水，否则子实体将萎缩死亡。出菇室应挂湿度计，根据湿度变化进行喷水管理。

3. 调节空气

子实体生长期间要加强通风换气。子实体生长需要大量的新鲜空气，每天要打开门窗和通风口通风1~3次，每次30~40分钟，温度较高或栽培量较大时应增加通风次数，延长通风时间。

氧气不足和二氧化碳积累过多，会出现畸形子实体，表现为菌柄细长、菌盖小或形成菌柄粗大的大肚菇，严重影响产量和品质。

4. 调节光线

子实体生长需要一定强度的散射光，一般出菇室光线掌握在能正常看书看报即可。

室外出菇的白天应揭开下部草帘透光。

（三）子实体常见畸形与形成原因

在子实体形成与生长期间，由于管理不当，环境条件不适宜，子实体不能正常生长而出现畸形。常见的有以下几种。

子实体原基分化不好，形似菜花状：形成原因主要是出菇室通气不良，二氧化碳浓度过大或农药中毒。

子实体菌盖小而皱缩，菌柄长且坚硬：形成原因主要是温度高，湿度小，通气不良。

幼菇菌柄细长，且菌盖小：形成原因主要是通风不良，光线弱。

子实体长成菌柄粗大的大肚菇：形成原因主要是温度高，通风不良和光线不足。

幼菇萎缩枯死：形成原因主要是通风不良，湿度过大或过小。

菌盖表面长有瘤状物且菌盖僵硬，菇体生长缓慢：形成原因主要是温度低，通风不良和光线不足。

菌盖呈蓝色：主要原因是由于炉火加温时产生的一氧化碳等有害气体对菇体的伤害。

（四）采收及采后管理

适宜条件下，从原基形成到子实体长成需 7~10 天。当菌盖充分展开，颜色由深转浅，下凹部分开始出现白色绒毛，尚未散发孢子时及时采收。

采收时无论大小一次采完，可两手捧住子实体旋转拧下，也可用小刀割下，不可拔取，否则会带下培养料，影响下一潮菇形成。

通常平菇一次栽培可采收 4~5 潮菇。每次采收后，都要清除料面的老化菌丝和幼菇、死菇，再将袋口合拢，避免栽培袋过多失水，按菌丝体阶段管理。7~10 天后可出下潮菇。如果菌袋失水过多，可进行补水。批量生产时，平菇的生物学效率一般可达 150%~200%。

（五）出菇后期增产措施

1. 补水

一般前两潮菇可自然出菇，无须补水，但两潮菇后，往往由于培养料湿度过小不能自然出菇，可给菌袋补水。

补水常采用浸泡或注水法。具体方法是将菌袋浸入水中浸泡 12~24 小时，若浸水前用粗铁丝在料袋中央打洞，可加速吸水，缩短浸泡时间。浸好的菌袋捞出甩去多余水分，重新堆放整齐。也可用专用补水枪补水，还可以在喷雾器胶管前端安装一个带针头的铁管，将针头从菌袋两端料面插入补水。

经补水后的菌袋应达到原重的 80%~90%，或将料袋从中间掰开后，手压料面，松软但不滴水为宜。

2. 补肥

采收两潮菇后，栽培料内消耗营养较多，为了提高后几潮菇的产量，可补肥。方法有以下几种。

一是用煮菇水。销售外贸的菇体煮水或其他加工菇体的煮水，冷却后稀释 10 倍使用，煮菇水营养丰富，效果好。

二是蔗糖 1%，尿素 0.3%~0.5%，水 98.5%~98.7%。

三是蔗糖 1%，尿素 0.3%~0.5%，磷酸二氢钾 0.1%，硫酸镁 0.05%，硫酸锌 0.04%，硼酸 0.05%，水 98.26%~98.46%。

补肥通常结合菌袋补水进行，也可将营养液直接喷在菌袋两端料面上，可不同程度地增加产量。

3. 墙式覆土出菇

将出过两潮菇的菌袋脱去塑料袋，将菌袋单行摆放，菌袋间留 2~3 厘米空隙，按一层菌棒一层泥的方法垒成菌墙，摆放 10~12 层，墙高约 1.5 米。

菌墙两端可用长木棒削尖钉入地下，以防滚动。菌墙最上层可用泥砌出一个水槽状的池子，用来补水和营养液。

菌棒可长期处于较潮湿的环境中，及时补充水分，这种方法可显著提高后期产量。

4. 阳畦覆土出菇

菌袋出完两潮菇后，也可进行阳畦覆土出菇。

在背风向阳处建畦，畦长 5~6 米，宽 0.8~1 米，深 1~5 厘米。畦床做好后，向畦内喷 500 倍敌百虫药液，然后在阳畦内撒石灰粉。

将出过两潮菇的菌袋脱去塑料膜，平放于畦内，间隔 2~3 厘米，用细的菜园土将菌棒间隙填满，菌棒上再覆 2~3 厘米厚的土层，畦内浇水，水量要大，待水渗下后，再覆一层土，用喷壶将表土淋湿。

在畦床上用竹片建起拱形架，覆盖塑料膜和草帘。按子实体阶段管理，经 10~15 天可形成子实体原基。

其他管理同袋栽法。

八、平菇病虫害安全防治技术

平菇病虫害的防治应采用"预防为主，综合防治"的防治方法。

生物防治：培养料配制可采用植物抑霉剂和植物农药，如中药材紫苏、菊科植物除虫菊、木本油料植物菜子饼等制成的植物农药杀虫治螨。用寄生性线虫来防治蚤蝇、瘿蚊和眼菌蚊等。

物理防治：栽培场所采用 30 瓦紫外线灯照射或臭氧灭菌器消毒杀菌。安装黑光灯诱杀蚊、蝇、虫蝉等昆虫。对菇场进出口和通气口安装纱窗、纱门，以防害虫飞入。经常保持环境卫生，撒生石灰粉消毒。

化学药剂防治：严格科学用药，坚持以防为主，在确需使用化学农药时，须选用施保功、锐劲特、克霉灵等已在食用菌上获得登记的农药。

【专家提示】

为保障平菇的安全品质，在平菇栽培管理过程中要把握以下原则。

确保原材料的安全性，包括作为培养基质的木屑、棉籽壳、麸皮、作物秸秆、覆土材料及各种添加成分的安全性，杂菌污染后的原材料，污染的部分不可重新用于栽培，以防有害成分的积累。

栽培场所的环境卫生和水质标准应符合食品生产的环境、

水质要求，直接喷洒在菇体上的用水要符合饮用水标准。

病虫防治和生产、加工环境治理要贯彻以防为主，决不允许向菇体直接喷洒农药。不得不使用药剂时，要选用低毒高效的生物试剂，且使用药剂的时间、剂量应遵循农药安全使用标准。空间消毒剂提倡使用紫外线消毒和75%的酒精消毒。

第二节 金针菇高效生产技术

一、金针菇的属性

金针菇又名冬菇、构菌、朴菌、毛柄金钱菌等，属担子菌门、层菌纲、伞菌目、口蘑科、小火焰菌属（或金钱菌属）。

金针菇栽培已广泛遍及中国、日本，还有欧美和澳洲一些国家和地区，中国产量最多。金针菇为低温型菇类，为世界四大栽培种类之一，是熟料栽培的一个代表种类。

金针菇是著名的食用菌，其营养丰富，滑嫩味美。能利肝，益肠胃，经常食用可预防和治疗肝炎及胃肠道溃疡，降低胆固醇，排除重金属离子，还有一定的抗癌作用。金针菇含有18种氨基酸，包括人体必需的8种氨基酸，尤其是赖氨酸和精氨酸的含量特别丰富，有益于儿童的智力发育和健康成长，因此有"增智菇"或"智力菇"之称。

金针菇栽培，有瓶栽、袋栽等方法。瓶栽法由于工艺较复杂、产量低、质量差、管理不方便等缺点。因此，生产上很少采用，主要采用塑料袋栽培方法。

二、栽培季节与场地

（一）栽培时间的选择

金针菇属低温型食用菌，子实体的形成与生长均要求较低的温度。华北、华东地区一般在秋末冬初至早春栽培，具体时间安排如下：用原种直接栽培的，秋季一般8月中上旬制母种，8月中下旬制原种，9月中下旬接种栽培袋。

如果用栽培种栽培，母种和原种的制种时间还要相应提前

25 天左右。最后一批栽培在 11 月中旬制母种，11 月底制原种，元旦前栽培结束。

出菇期在 11 月至翌年的 3 月底。冬季生产要有一定面积的培养室，并且要采取加温措施，将温度控制在 20℃左右。

地下栽培的一般时间掌握在 9 月至翌年 4 月，夏季其气温不高于 15℃（13℃更好），通风好的可周年栽培，也可利用空调进行周年栽培。

（二）栽培场地的选择

1. 场地选择

金针菇的栽培场地多种多样，栽培平菇的菇房及现有的闲散房屋均可用于栽培，室内应设床架以充分利用空间，增加栽培量，床架宽 40 厘米，长度和数量应据房间大小而定，每个床架设 3~4 层，层距 50~60 厘米。

也可利用各种日光温室、室外半地下式阳畦、地下室、防空设施、冷库、地沟等进行栽培。

2. 地沟栽培

实践证明，北方地区利用地沟栽培效果较好。地沟的搭建方法如下。

选择地势高燥、向阳且靠近水源的地方，为管理方便可搭建在庭院内，一般地沟长 10~15 米，宽 4 米，深 2 米。

建造时先挖土坑，将挖出来的土存放在地沟四周，压实成沟壁的地上部分，地上和地下部分沟壁总高为 2 米，东西两头设门，地上部分南北沟壁每隔 2~3 米应有一个通风口，每个通风口高 40 厘米，宽 30 厘米。

地沟上面搭建小拱棚，其上覆盖塑料薄膜和草帘或玉米秸遮光。地沟间距离一般在 2 米左右，地沟四周应设有排水沟。

为了充分利用空间，可在地沟中设床架，床架与地沟四周壁的距离为 60 厘米，床架间距离为 70~80 厘米，床架宽 40 厘米，高 1.8~2 米，长度视地沟的长度而定，每隔 80 ~100 厘米用砖垛固定，用竹竿铺设 4~5 层，每层高 40~45 厘米，每层可堆放 4 层栽培袋，也可以在垂直地沟长的方向搭数排床架，地沟的一侧留 60 厘米的人行道。这种地沟建造容易，保温、保湿性能好，二氧化碳与氧气的比例容易控制，管理方便，是一种较好的栽培场地。

三、栽培料的选择与配制

（一）栽培料的选择与处理

栽培金针菇的原料很广，除了传统栽培用的锯木屑以外，棉籽皮、废棉、玉米芯、稻草粉、豆秸、甘蔗渣等均可栽培，但需加入一定量的辅料，如麸皮、米糠、豆粉、玉米粉、糖、石膏粉等。目前北方地区主要利用棉籽壳、玉米芯、豆秸等栽培金针菇。

根据当地的资源条件和栽培的实际情况选择培养料，栽培料应新鲜、干燥、未发霉结块，主料选在晴天太阳光下暴晒 2~3 天。

以玉米芯为主料的应将其粉碎成小麦粒大小的颗粒备用；栽培金针菇宜选用阔叶树种的木屑，糟锯木屑越陈旧越好，拌料前将其粉碎成米糠状；如果用麦秸或稻草作栽培料，应先将麦秸或稻草切成 1~2 厘米的小段，用 pH 值为 8~9 的石灰水浸泡 24 小时，捞出后用清水冲至 pH 值为 6~7，沥干后备用。

（二）栽培料配方

栽培金针菇的常用配方如下。

棉籽壳 88%，麸皮 10%，蔗糖 1%，石膏粉 1%。

棉籽壳 95%，玉米粉 3%，蔗糖 1%，石膏粉 1%。

玉米芯（粉碎成黄豆粒大小）75%，麸皮 20%，豆粉 3%，石膏粉 1%，过磷酸钙 1%。

豆秸粉或稻草粉 75%，麸皮 20%，玉米面或豆粉 3%，石膏粉 1%，过磷酸钙 1%。

棉籽壳 90%，玉米面 10%；另外添加石膏 1%，磷酸二氢钾

0.01%，硫酸镁 0.01%。

玉米芯轴（粉碎后使用）80%，麸皮 7%，饼粉 4%，粗玉米粉 5%，过磷酸钙 1%，草木灰 1.5%，石膏 1%，尿素 0.5%。

阔叶树木屑 78%，麸皮 20%，石膏 1%，白糖 1%。

（三）栽培料的配制

按配方比例要求准确称料，一层主料一层辅料平铺在水泥地面上，拌料前先将蔗糖、石膏粉、尿素、过磷酸钙等含量较少的物质溶于水中。

按料水比 1:（1.3~1.5）加水拌料，充分搅拌均匀，使培养料含量达到 60%~65%，即 1 千克干料加 1.5 千克水。pH 值调到 6~7，如果栽培料酸性大，可加入石灰粉调节；碱性大的话，可用 3% 的盐酸调节。

拌料要充分拌匀且 pH 值适宜。可用铁锨在水泥地面上拌料，也可用搅拌机拌料。

栽培料拌好后，堆闷 1~2 小时，使栽培料充分吸水。

四、装袋

配制好的培养料，可采用手工或机械装袋。栽培金针菇的两种塑料袋一般选用宽 17 厘米的聚丙烯或低压高密度聚乙烯塑料筒。前者耐高温高压，适合高压灭菌；后者不耐高温高压，适合常压灭菌。

应根据灭菌的需要购买塑料筒，并裁成长 32~40 厘米备用。装袋时先将塑料筒从距离一端 10 厘米处用塑料绳扎紧，从另一端装入栽培料，边装边压实，用力要均匀，使袋壁光滑而无空隙，培养料高度一般在 15 厘米左右，干料 0.3~0.5 千克。

装好培养料后，将料面整平，在料中央用直径 2 厘米的木棍打孔直至底部，然后用塑料绳把袋口扎紧，两端均留 10 厘米左右的长度，以便出菇时撑开供子实体生长。

封口时要将袋内的空气排出，防止灭菌过程中出现胀袋现象。绳要扎紧，防止灭菌时袋口敞开或灭菌后袋内进入空气造成污染。

五、灭菌

料袋装好后应及时灭菌，以杀死培养料内的各种微生物，并促进培养料转化，以利于菌丝生长。灭菌可采用高压灭菌和常压灭菌，但生产上一般采用常压灭菌。

(一) 高压灭菌

高压灭菌应采用耐高温耐高压的聚丙烯塑料筒。

锅内加入足够的水，将料袋整齐地排列在锅内，分层立放，袋与袋之间也可以呈"井"字形横放，以便于锅内蒸汽流通，提高灭菌效果。维持在 0.14~0.15 兆帕并保持 1.5~2 小时，可达到彻底灭菌的目的。

(二) 常压灭菌

用常压灭菌锅灭菌。

先将锅内加满水，再将栽培料袋摆放在常压灭菌锅蒸汽室的铁箅上或木箅上，可立放也可卧放，每层铁箅间应留有空隙，料袋与料袋之间也要留有空隙，以便蒸汽流通，提高灭菌效果。

装入料袋后，将锅门封严，立即点火加热；开始火力要猛，开锅后即蒸汽达到 100℃ 以上或温度不再上升时，开始计时并继续烧火，维持 8~10 小时，封火后再焖 3~5 小时。

待锅内温度自然降至室温时打开锅门取出灭菌袋，移入接种室或无菌室开始接种。

【专家提示】

常压灭菌应注意：常压灭菌火力要猛；可使用吹风机吹风，使蒸汽室温度保持在 100℃ 以上；灭菌时要不断向锅内加水，绝不能烧干锅；锅门要封严，避免漏气；装量要适当，不能太满；袋与袋之间排放应留有 1 厘米左右的缝隙。

六、接种

接种是将菌种接入已灭菌的料袋，接种要求在无菌的条件下采取无菌操作。

（一）接种场地的消毒灭菌

接种可在接种箱、接种帐或接种室内进行。

接种前先将接种箱打扫干净，再将灭过的菌袋以及接种用具放入接种箱内，如果此时将菌种放到接种箱内，菌种瓶或袋要扎紧，以防在气雾消毒的过程中菌种受伤，也可在接种之前将菌种用酒精棉球表面消毒后带入接种箱内。

【小资料】

甲醛和高锰酸钾熏蒸方法：料袋及接种用品进箱后，用甲醛和高锰酸钾消毒 1~1.5 小时。药品用量为 10 毫升/立方米的甲醛、5 克高锰酸钾，先将甲醛和高锰酸钾按用量称好，把甲醛倒入接种箱内的一空瓶中，再倒入高锰酸钾，立即关闭接种箱，熏蒸 30~40 分钟即可达到灭菌目的。由于甲醛具有强烈的刺激性气味，对人体有害，而且污染环境，所以最好不要使用，如果用则熏蒸后 1~1.5 小时后再接种。必要时接种可以戴上防毒面具。也可用其他的气雾消毒剂进行消毒，用量根据药品说明而定。

（二）接种操作

接种人员先用75%的酒精棉球全面擦净双手。如果菌种此时带进接种箱的话，也应先用75%的酒精棉球全面擦拭菌种瓶外壁进行消毒，带入接种箱。双手进入接种箱后，用酒精棉球再次擦拭双手及接种用具和菌种瓶。

然后点燃酒精灯，将菌种瓶放在三脚架上或空罐头瓶上，打开瓶口，用酒精灯火焰在菌种瓶口下方封住瓶口，用经过火焰灭菌的大镊子剔除菌种瓶表面的老化菌种，将菌种夹碎成花生米大小的菌种块，再将料袋放置于酒精灯火焰附近，打开料袋口，用大镊子将菌种扒入料袋内，使菌种块平铺于料袋表面，然后重新用塑料绳绑上袋口，此时袋口不要绑太紧，以利于通气从而有助于菌丝生长，但也不能太松，以减少杂菌的进入。1

瓶菌种（0.15千克的干料）接栽培袋（0.4~0.5千克）10~15袋，接种量一般在3%~5%。

接种量要适宜，接种量如果过多的话，容易造成早出菇，从而抑制菌丝生长和形成子实体；接种量过小，发菌速度缓慢，影响出菇时间。在接种时两人合作效果最佳，一人解开袋口，然后待另一人接完种后重新绑上袋口，另一人只负责接种即可，这样既可以提高接种的速度又可以保证接种的质量。

七、采收及采后管理

（一）采收

当菌柄达10厘米以上，菌盖呈半球形，直径1~1.5厘米，菇体鲜度好时采收较为适宜。

采收时要注意不管大小一次采下，不能采大留小。采收后的金针菇应放在温度较低和光线较暗的地方存放，防止继续生长，使菌柄弯曲，影响质量。

采收过早，幼菇还未完全伸长，会影响产量；采收过迟，菇体老化且菌盖开伞，虽可增加产量，但产品品质差或失去商品价值。

【小资料】

金针菇的分级标准。

一级菇。菌盖呈半圆球形，直径0.5~1.3厘米，柄长14~15厘米，整齐度80%以上，无褐根，无杂质。

二级菇。菌盖未开伞，呈半圆球形，直径1.2~1.5厘米，柄长13~15厘米，柄基部浅黄至浅褐色，有色长度不超过1.5厘米，无杂质。

三级菇。菌盖直径1.5~2厘米，柄长10~15厘米，柄基部黄褐色占1/3，无杂质。

（二）采后管理

金针菇一次栽培可采收两潮菇。一潮菇采收后，清理料面，然后往料面上喷一次大水，继续按菌丝体阶段管理，一般7~10

天可出二潮菇。金针菇的生物学转化率通常为 80%~100%。要提高金针菇的生物学转化率，在转潮管理中可采取下面几项增产措施。

每次潮菇采收后，及时把残茬和料壁上长出的畸形菇清除掉，并把料面徒长、板结的老化菌丝扒掉。

菇房内停水 2~3 天，降低湿度，并将袋口的覆盖物揭开 1~2 天，以加强通气，促进菌丝恢复活力，积累营养物质。

补充培养料含水量。采菇 3~4 天后，每袋注入 40~60 毫升清水或在袋内注入清水至料面有积水为止，浸泡 2 小时左右，再将袋内余水倒出。

强化营养。袋内补充 1%浓度的糖水或少量尿素、KH_2PO_4 等营养。

对于一头出菇的袋子，也可在出过二潮菇后，把袋口扎紧，将袋底剪开，进行出菇管理，从而提高生物学转化率。

八、金针菇病虫害安全防治技术

金针菇病虫害的防治坚持以预防为主，严格控制化学药剂的使用。

（一）主要病害及防治

金针菇主要病害有霉菌（毛霉、脉孢霉、木霉、黄曲霉等）和细菌性病害。病害有以下防治途径。

严格检查种源，保持环境清洁。

栽培菇房位置的选择。菇房必须建成南北长条形，这样有利于通风透气。同时要注意菇房周围的环境卫生，不要把出口处建在靠近堆肥舍和畜舍的地方。要远离酿造酒曲厂，否则，容易感染杂菌。

培养料灭菌要彻底，除环境的清洁卫生和栽培室消毒处理外，栽培管理过程中应注意调节栽培室的温、湿度和通气条件。

栽培房使用前 1 天必须进行熏蒸消毒灭菌。具体方法为甲醛、高锰酸钾熏蒸。一般每 1 平方米空间需用 40%甲醛 8~10 毫升、高锰酸钾 5 克进行熏蒸，也可以每平方米使用福尔马林原液 21 毫升，生石灰 21 克、浓硫酸 2.1 毫升熏蒸。熏蒸时，要注意把门窗缝漏处糊起来。漂白粉消毒，1 克漂白粉加水 1.8 升，静置 1~2 小时。取其上清液在室内全面喷雾，每平方米喷施 1 升。菇房内外、栽培架都要用 5%的硫酸铜溶液全面喷洒。

塑料袋局部出现杂菌，可用 2%的甲醛和 5%的石碳酸混合液注射感染部位以控制蔓延，其未感染部位仍能正常长出子实体。对于严重污染杂菌的料袋则要及时搬出烧毁，以防孢子扩散蔓延。

（二）主要虫害及防治

为害金针菇的主要害虫有菇蝇、菇蚊、螨类。

在菌丝蔓延期间，只要见成虫就用 1 000 倍液敌百虫杀虫，可采用敌敌畏药液拌蜂蜜或糖醋麦皮进行诱杀，也可用布条吸湿药剂挂在菇房驱虫。

有菇蕾发生时，立即停止使用，在每批子实体采收后用 0.4%的敌百虫、0.1%的鱼藤精喷洒料面进行防治，也可用 1%的敌敌畏和 0.2%的乐果喷洒地面和墙脚驱杀害虫。

主要参考文献

陈杏禹. 2016. 珍稀蔬菜原色图鉴 [M]. 北京：化学工业出版社.

韩世栋，周桂芳. 2016. 设施蔬菜园艺工 [M]. 北京：中国农业出版社.

李锦艳，冉贵春，李倩. 2015. 蔬菜 [M]. 合肥：合肥工业大学出版社.

刘五志. 2015. 蔬菜新品种与栽培指南 [M]. 西安：三秦出版社.

王迪轩. 2014. 瓜类蔬菜优质高效栽培技术问答 [M]. 北京：化学工业出版社.